초연결
과학기술 혁명의 구조

암곡학술총서 3

초연결 과학기술 혁명의 구조

초판 1쇄 발행 2022년 11월 30일
초판 2쇄 발행 2023년 9월 30일
지은이 김홍기

펴낸곳 서울대학교출판문화원
주소 08826 서울 관악구 관악로 1
도서주문 02-889-4424, 02-880-7995
홈페이지 www.snupress.com
페이스북 @snupress1947
인스타그램 @snupress
이메일 snubook@snu.ac.kr
출판등록 제15-3호

ISBN 978-89-521-3141-6 94500
978-89-521-2905-5 (세트)

암곡학술총서 3

초연결 과학기술 혁명의 구조

김홍기 지음

서울대학교출판문화원

머리말

독일의 철학자 칼 야스퍼스는 그의 저서 『역사의 기원과 목표』에서 기원전 900-200년에 이르는 시기를 "축의 시대Axial Age"라고 개념 지었다. 지구상에 여러 문명들이 탄생하면서 제례의식의 종교가 아닌 도덕적 원리를 가르치는 종교와 철학이 공동체의 질서를 유지하는 데 중심 역할을 하게 되었다. 자연과 인간 세계에 대한 도덕적 원리를 찾으려는 노력은 감각적 경험을 넘어 보이지 않는 세계의 질서와 존재에 대한 사유로부터 시작했다. '축'이란 개념은 이처럼 보편적 원리를 깨닫는 의식consciousness의 초월성transcendence, 즉 사고의 혁명적 전환을 의미한다. 이 시기에 일어난 초월적 의식의 혁명은 감각에 의존하는 주관적 경험이 아니라 객관적 사유를 통해 자연과 인간 사회에서 일어나는 다양한 현상들에 대한 인과적 설명을 찾으려는 철학과 과학을 탄생시켰다.

17세기 근대에 접어들며 인류 문명은 또 하나의 전기를 맞이

하게 된다. 근대의 과학과 기술은 새로운 '축의 시대'의 서막을 알렸다. 근대의 과학은 추상적 사유에만 머무른 이전 시대의 과학을 초월했다. 다양한 분야로 분화되고 확장된 근대의 과학은 보다 객관적이고 합리적으로 현상을 설명할 수 있는 과학적 방법론과 도구를 고안하여 사용하기 시작했다. 또한 축적된 데이터와 정보를 기반으로 훨씬 더 복잡한 문제를 해결할 수 있게 되었다. 20세기에 접어들면서 과학은 이전에 경험할 수 없었던 기술의 놀라운 진보를 이룩해 내어 인간의 삶의 방식과 문화를 완전히 바꾸었다. 증기기관으로부터 시작한 1차 산업혁명, 대량생산 체제를 이룬 2차 산업혁명, 정보통신 기술에 기반한 3차 산업혁명, 그리고 인공지능을 비롯한 최첨단 과학기술이 견인하는 4차 산업혁명 시대로의 전환은 빛의 속도로 진행되었다. 인류 역사에 있어서 이처럼 빠른 속도로 문명의 급진적 전환을 경험한 적은 없었을 것이다. 4차 산업혁명이 만들어 가는 초연결 사회에서는 데이터를 기반으로 사람, 기계, 자연환경, 그리고 사이버 공간에서 일어나는 모든 상태와 변화를 표현하고 연결할 수 있게 되었다. 인공지능과 빅데이터 기술은 기계론과 환원주의에 기반한 과학의 패러다임으로는 설명하기 힘든 복잡한 현상을 설명하는 데 도움을 주었다.

이 책은 초연결적 특성을 지닌 최첨단 과학기술이 어떻게 혁명적 진화의 길을 걸어왔는지를 조망한다. 첨단 과학기술 분야를 상세히 다루기보다는 큰 맥락에서 초연결 과학기술의 패러다임이 어떻게 구성되어 왔는지를 다룬다. 1장에서는 과학기술의 진보에 있어서 패러다임이 어떻게 형성되는지, 그리고 오늘날의 초연결 과학기술 패러다임이란 무엇을 의미하는지 설명할 것이다. 2장에서는 20세기 이후의 과학기술 패러다임 형성에 있어서 가장 중요한 역할을 한 시스템 이론과 인공지능의 역사에 대해 상세히 다룰 것이다. 3장에서는 기계론과 환원주의에 기반한 근대 과학의 패러다임과 전일적인holistic 시스템적 패러다임을 철학적 관점에서 비교할 것이다. 4장에서는 데이터 중심의 정보기술과 시스템 생물학을 중심으로 초연결 과학기술의 사례를 다룰 것이다.

이 책은 과학과 인문학의 융합을 추구하는 학문적 토론의 장을 마련하기 위해 생명과학자인 신승일 박사가 제정한 암곡학술상 수상을 계기로 저술되었다. 과학사 관점에서의 세밀한 조사와 과학철학 관점에서의 엄밀한 논리성도 부족하고, 지면의 한계로 인해 다루는 과학기술 영역에 대한 상세한 설명도 부족함을 고백한다. 그럼에도 불구하고 독자들이 첨단 과학기술에 대해 조망하면서 과학과 인문학의 융합을 통찰할 수 있는 기회가 되기를 기대한다. 암곡학술상을 통해 이렇게 독자와 만나게 해 주신 신승일 박사께 감사드린다.

2022년 9월

김홍기

차례

1. 초연결 과학을 위한 은유

과학기술의 진보와 패러다임

철학자 토머스 쿤Thomas Kuhn은 그의 기념비적 저서인 『과학혁명의 구조』[1]에서 과학에서의 진보는 단순한 사실과 이론의 연속적 축적에 의한 것이 아니라 불연속적인 패러다임paradigm의 전환을 통해 이루어진다고 했다. 패러다임은 세상을 바라보는 인식의 틀 혹은 관점으로서 이론의 형성, 방법론과 도구의 개발, 연구 분야의 형성 등 과학 활동의 전반에 영향을 준다. 종교와 과학은 자연(혹은 사회)에서 일어나는 현상을 설명explanation하고 예측prediction하려는 점에서 매우 유사하다. 하지만 과학적 설명이 되기 위해서는 실험이나 관찰과 같이 재현가능한 방법론이 있어

---

1 T. S. Kuhn (1962), *The Structure of Scientific Revolutions*, Chicago: University of Chicago Press.

야 하고, 설명도 반증가능falsifiable[2]해야 하며, 설명들 사이에 논리적 정합성도 있어야 한다. 과학이 종교에 비해 더 정교한 지식과 방법론적 체계를 가지고 있다고 해도 모든 과학적 설명들 사이에 완벽한 정합성이란 존재하지 않으며, 끊임없는 반증의 역사를 통해 과학은 발전하고 있다. 세상을 바라보는 인식의 틀인 패러다임이 변할 수 있다는 점에서 과학은 종교보다 더 유연하고 열려 있지만 종교와 마찬가지로 믿음 의존적인 경우가 많다. 패러다임이라는 개념은 순차적인 논리적 추론을 통해 형성되는 것이 아니라 세상을 바라보는 전체적인holistic 틀로서 무의식 수준에서 일어나는 믿음의 영역에 더 가까울 수 있다.

과학은 세상에 대한 절대적 진리를 객관적 방법으로 밝히는 전능의 힘을 가진 것처럼 보이지만 인간 인식의 한계 내에서 현상을 설명할 수 있는 가장 좋다고 여겨지는 개념적 틀을 제공할 뿐이다. 패러다임이라 부르는 개념적 틀은 마치 지도와 같다. 지도는 물리적 공간 내에 위치한 사물들의 특징과 관계를 종이나 디지털 매체에 사용자가 쉽게 이해할 수 있도록 표현(매핑)한 것이다. 한 지역을 이해하는 다양한 방식에 따라, 혹은 사용의 목적에 따라

---

2 과학철학자 칼 포퍼Karl Popper는 '과학적 진술' 여부의 판단은 그 진술이 가설로서 반증될 수 있는지 없는지를 보면 된다고 했다. 예컨대 '새는 알을 낳는다'라는 진술이 있다고 하자. 만약 알을 낳지 않는 새의 종을 발견했다고 하면 그 진술은 반증된다. 하지만 '신이 존재한다'라는 가설은 반증불가능하다. 이 진술은 인간에게 더 근본적인 의미가 있을 수 있으나 과학적 진술은 아니다.

지도는 다르게 그려질 수 있다. 지도는 그 지역에 대한 모든 내용을 상세하게 채우는 것보다는 관점에 따라 지도에 포함된 개체들 간의 관계를 잘 요약해서 그리는 것이 중요하다. 모든 것을 지도에 채우는 순간 지도의 복잡성은 인식의 한계를 벗어나게 된다. 지도에 무엇을 포함하고 무엇을 뺄 것인가를 결정하는 것이 바로 패러다임이다. 지도가 한 지역에 있는 모든 것을 담을 필요가 없듯이 과학은 세상의 모든 것을 다 설명할 필요가 없다. 세상을 바라보는 개념의 틀이 과학에서는 어떻게 형성되고 사용되는지에 대해 이해하기는 쉽지 않다. 과학이 설명하고자 하는 현상이나 해결하고자 하는 문제의 성격에 따라 패러다임은 변할 수밖에 없다. 최근 과학 분야들 사이에 연결과 융합이 매우 활발히 이루어지는 이유는 과학이 해결해야 하는 문제가 점점 더 어렵고 복잡해지고 있기 때문이다. 문제가 어렵고 복잡하다고 해서 설명을 복잡하고 상세하게 한다면 또 다른 미로에 빠질 수 있다. 과학적 환원주의와 기계론적 인과론이 그리는 지도는 더 작은 부분에 집중함으로써 자칫 길을 잃게 만들 수도 있다. 융합의 지도도 잘못 그리게 되면 혼란스러운 디테일의 연결에 불과할 것이다. 그렇다면 전체와 부분을 함께 잘 보여 주는 과학의 지도는 어떤 모양이어야 하는가? 과학기술의 진보가 이전에 비해 매우 빨리 진행되고 있는 이 시대에, 패러다임이라고 하는 지도는 매번 혁명적으로 다시 새롭게 그려져야 하는 것인가? 이 장에서는 경계를 허무는 초연결 과학의 패러다임에 대한 올바른 이해와 그 역할에 대해 살펴보고자 한다. 또한 초연결 과학 패러다임에 대해 조망하면서 20

세기 이후 과학 연구의 진화 과정에 대해서도 다룰 것이다.

쿤의 패러다임은 과학계에서 암묵적으로 동의한 틀로서 소위 정상과학normal science의 관점을 형성하고 그 틀 안에서 지식이 축적되어 정합적 설명이 가능해진다. 한 틀 안에서의 현상에 대한 설명이 정합적이라고 해서 이것이 절대적 진리라고 할 수는 없다. 한 틀 안에서 설명되지 않는 현상이 새롭게 발견되었을 때 그 현상을 설명할 수 있는 새로운 틀이 필요해진다. 쿤의 패러다임 이론은 패러다임의 형성과 변화의 과정, 그리고 패러다임의 구체적 구조가 무엇인지에 대해 명확히 설명하지 않는다. 그럼에도 불구하고 패러다임 이론은 과학적 발견의 절대적 합리성과 객관성에 대한 지위를 낮추고 과학을 보다 겸손하게 만들었다.

과학에서의 패러다임은 각 분야의 수많은 연구자들이 긴 시간 동안 이루어 낸 연구 성과들을 통해 형성된다. 연구란 해결해야 할 문제를 정의하고, 가설을 세우며, 허용된 방법론을 통해 가설을 입증하는 것이다. 연구의 절차는 일종의 암묵적 약속protocol과 같은 것으로, 연구가 이루어진 여러 사례case들을 통해 연구자들은 그러한 절차들을 학습하게 된다. 이처럼 유사한 사례들로부터 형성된 패러다임은 새로운 사례의 과학적 문제해결에 무의식적 가이드라인 역할을 한다. 과학자들은 학교와 과학 공동체에서 연구활동을 위한 패러다임을 배움으로써 공동체의 일원으로 활동하게 된다. 패러다임이란 과학공동체에서 공유되는 개념, 이론, 방법론, 활동의 규범 등을 총칭하는 것이다.

인지과학에서는 패러다임보다 스키마schema라는 용어가 더 널리 사용된다. 스키마는 정보를 해석하는 데 도움을 주는 인지적 틀frame로 정의할 수 있다. 스키마는 어마한 양의 정보를 효율적으로 처리한다는 점에서 매우 경제적인 인지적 장치다. 이는 칸트의 영향을 받은 스위스의 발달 심리학자 피아제Jean Piaget가 심리학의 개념으로 소개했고,[3] 영국의 실험 심리학자인 바틀릿Frederic Bartlett[4]이 기억과 학습 이론의 중요한 개념으로 정립했다. 새로운 정보를 통해 지식이 획득되는 과정에서 스키마는 사물을 범주화하고 개념화하는 데 유용하게 사용된다. 예를 들어 애완동물로 강아지를 기르는 아이는 '개'에 대한 나름의 스키마를 형성했을 것이다. 이웃의 애완견을 볼 때도, 처음 본 고양이에 대해서도 자신의 개에 대한 경험으로 형성된 스키마를 가지고 반응할 것이다. 그리고 애완견과 애완묘에 대한 차이를 어른이 가르쳐 주거나 스스로 깨닫게 되었을 때 고양이에 대한 새로운 스키마를 형성할 것이다. 스키마는 이처럼 애완동물, 야생동물, 개, 소, 사람 등 범주화를 통해 세상을 인지하는 과정을 설명하는 심리학적 개념이다. 인공지능 분야의 여러 학자들은 사람의 지식표현과 추론의 방식을 컴퓨터에 구현하기 위해 스키마를 보다 구체적인 구조체construct로 제안했다. 섕크Roger Schank[5]가 절차적 지식을 구조화

---

3 J. Piaget and B. Inhelder (1969), *The Psychology of the Child*, New York: Basic Books.

4 F. C. Bartlett (1932), *Remembering*, Cambridge: Cambridge University Press.

5 R. C. Schank and R. Abelson (1977), *Scripts, Plans, Goals, and*

한 스크립트Script,[6] 민스키Marbin Minsky[7]가 지식을 객체지향적으로object-oriented 구조화한 프레임frame[8] 등도 크게 보면 일종의 스키마라고 할 수 있다. 이러한 스키마 구조체들은 일상의 문제해결 상황에 적용될 수 있도록 무의식 차원에서 지식을 조직화한 것이다. 식당에서 음식을 주문하거나 자동차의 고장을 진단하는 것과 같은 일상의 문제해결 상황을 살펴보면 과거의 유사한 경험들을 통해 학습된 무언가가 있다는 것을 알 수 있다. 어떤 분야에 능숙한 '달인'이 사용하는 스킬도 수많은 유사한 경험을 통해 무의

Understanding, Hillsdale: Earlbaum Assoc.

6 스크립트는 절차적인procedural 지식에 관한 스키마라 할 수 있다. 예컨대 식당 스크립트에는 일반적으로 식당에서 음식을 주문하는 절차와 관련된 지식이 포함되어 있다. 식당에 들어가면 종업원의 안내를 받고, 자리에 앉아 주문을 하고, 음식을 다 먹고 나올 때 음식값을 지불한다. 하지만 코로나19로 인해 이러한 식당 스크립트의 내용은 달라질 수 있다. 이런 절차적 지식에 관한 추론이 용이할 수 있도록 AI를 기반으로 한 데이터 구조가 스크립트다.

7 Marvin Minsky (June 1974), "A Framework for Representing Knowledge", MIT-AI Laboratory Memo 306.

8 프레임은 실세계의 복잡한 대규모 지식을 처리하기 위해 고안된 일종의 자료 구조다. 프레임은 관계형 데이터베이스와 같이 Slot(속성)-Value(속성값)의 집합으로 이루어진다. 일반적인 관계형 데이터베이스 구조로는 표현이 어려우면서 AI 추론에서 중요한 개념인 상속inheritance추론과 비단조nonmonotonic추론이 가능한 구조로 되어 있다. 예컨대 일반적으로 새는 '날다'라는 속성값이 참이고 펭귄은 '날다'라는 속성값이 거짓일 때, Tweety란 새는 당연히 날 수 있지만 Tweety가 펭귄이라는 사실을 알게 되었을 때 '날다'의 진릿값은 바뀐다. 펭귄 프레임에서 다른 언급이 없다면 펭귄은 새가 가지고 있는 모든 속성을 상속받는다.

식 속에 형성된 일종의 스키마라 할 수 있다. 의식 차원에서 객관적으로 표현될 수 있는 논리적 추론은 문제해결과 의사결정에는 반드시 필요하지만, 문제의 복잡도가 높고 추론에 필요한 정보가 충분하지 않을 때는 무의식에서 나오는 직관보다 비효율적이다.

축적된 연구 결과물들을 기반으로 하는 과학 연구의 문제해결 과정은 인공지능에서 얘기하는 사례기반case-based 학습 및 추론의 과정과 흡사하다. 인공지능에서 사례기반 추론이란 경험을 통해 축적된 사례들의 결과를 바탕으로 새로운 사례들의 결과를 예측하는 방법을 말한다. 판례법을 따르는 미국 법정에서 판사가 해당 사건에 대한 판결을 할 때 과거에 있었던 가장 유사한 판례를 찾는 것과 같다. 판례법이 아닌 성문법을 따르는 나라에서는 판사가 법조문을 기반으로 논리적 추론을 통해 판결을 이끌어낸다. 이는 인공지능에서의 전통적인 규칙기반rule-based 추론과 같다. 판례법을 따르건 성문법을 따르건 사례와 규칙은 모두 중요하게 사용되고 서로 보완적 역할을 한다. 추론이란 이미 알려진 데이터나 정보를 바탕으로 새로운 사실을 알아내는 것이다. 사람과 인공지능이 추론을 위해 사용하는 규칙들은 명시적explicit[9]으로 표현할 수 있고, 이런 규칙들을 따라가면서 추론을 하는 것이 규칙기반의 추론이다. 반면 사례기반 추론은 명시적으로 표현될 수

9 명시적 지식은 글이나 말로 표현되는 반면, 암묵적tacit 지식은 무의식에 내재되어 있어 의식 수준에서 표현되기 힘들고 논리적 절차를 따라 추론이 이루어지기 어렵다.

있는 규칙을 사용하는 것이 아니라 과거의 비슷한 경험 사례들을 통해 학습한 패턴을 새로운 사례에 적용한다는 의미에서 암묵적 일반화implicit generalization라고도 한다. 짬뽕라면과 짜장라면을 만들어 본 사람은 자신의 경험을 이용해 짜파구리 요리를 잘 할 수 있을 것이다. 규칙기반의 (연역)추론은 추론규칙의 절차만 따라가면 반드시 '참'인 결과에 도달할 수 있다. 하지만 완전하고 확실한 정보를 바탕으로 추론을 하는 것이 아닌 경우 알아내야 할 정보가 너무나 많기 때문에 효율성이 떨어질 뿐만 아니라 완벽한 진리에 이를 수도 없다. 사례기반의 추론은 정보가 완전하지 않고 복잡한 문제상황에서도 축적된 사례가 충분하다면 매우 효율적으로 처리가 가능하다. 하지만 사례들이 너무 다양하거나 충분한 사례들을 학습하지 못했을 때 잘못된 결론에 이를 수 있다.

과학에서의 은유와 유추

과학에서 패러다임의 전환은 점진적 진보가 아닌 혁명적 변화를 이끌어 낸다. 패러다임의 형성 과정에서 과학기술의 여러 분야들은 서로 영향을 주고받으면서 인류 문명의 전환을 가져다준다. 과학자들은 패러다임을 통해 사고하고 서로 커뮤니케이션하는데, 이때 은유metaphor와 유추analogy는 매우 중요한 역할을 한다. 은유와 유추(혹은 유비추론)는 하나의 분야에서 보편적으로 이해되는 개념과 용어들을 사용하여 다른 분야를 이해할 때 필요한 인간의 사유방식이다.[10] 은유적 표현은 문학과 예술작품에서 없어서는 안 될 요소다. '불 같은 분노', '어두운 죽음의 그림자', '사랑의 끈', '윗사람' 등의 은유적 표현이 없으면 사람들 간의 커뮤니케이션은 거의 불가능하다. 은유는 감성적 표현뿐만 아니라 정보와 지식의 전달에도 도움이 된다. 은유는 상상과 사고의 확장을 위해 서로 다른 영역에서 사용되는 개념들 간의 유사한 특성을 찾아 연결함으로써 새로운 사실을 발견하는 인지적 추론인 유비추론과 매우 밀접한 관계를 갖는다.

은유의 정의를 내리고 은유 현상에 대한 철학을 최초로 정립한 사람은 아리스토텔레스였다. 오늘날까지 예술 연구에서 가장 중요한 고전으로 여겨지는 『시학』[11]에서 그는 은유를 "어떤 사물에다 다른 사물에 속하는 이름을 전용하는 것"이라고 정의한다. 여기서 '전용'이란 하나의 단어가 원래 속하는 자리를 떠나 다른 단어의 자리에 들어가서 한 단어의 의미를 다른 단어의 의미로 치환하는 것이다. 자리 옮김을 통해 원래 그 단어가 가지고 있던 어떤 속성은 부각되고 어떤 속성은 부정된다. 은유를 지탱하는 유추적 관계는 논리적이라기보다는 직관적이고 우연적이며 맥락 의존적이다.[12] 은유는 단어가 가지는 하나의 의미를 전달하는 것보다는 세계에 대한 전체적인 관점을 전달한다. 철학자 블랙Max Black에 의하면 은유의 인지적 역할과 과학에서의 모델이 하는 역

10 G. Lakoff and M. Johnson (1980), *Metaphors We Live by*, Chicago: University of Chicago Press; Z. Kovecses (2010), *Metaphor*, New York: Oxford University Press.

11 아리스토텔레스(1996), 『시학』, 천병희 옮김, 문예출판사.

12 김애령(2013), 『은유의 도서관: 철학에서의 은유』, 그린비출판사.

할은 동일하다.[13] '개념모델', '수학모델', '통계모델', '컴퓨터모델', '모델동물' 등 과학에서 '모델'이란 용어는 '시스템'이란 용어와 함께 분야와 상관없이 매우 보편적으로 사용되고 있다. 모델이란 실제 세계의 모든 면과 특징들을 담아내는 것이 아니라 관련 있는 현상을 가장 잘 설명하기 위해 필요한 특성만을 선택적으로 추려낸 세계의 단면이다. 패러다임, 스키마, 은유, 모델, 시스템은 개념적으로 사용의 용도가 다르지만 부분을 분석하기보다는 전체에 대한 식관적 조망을 하는 데 도움을 주는 것들이다. 과학에서의 모델은 경험적 탐구의 대상이나 사건, 혹은 물리적 과정을 논리적이고 객관적으로 잘 표현represent해야 한다. 실제 존재하는 자연 세계를 단순화한 모델은 관련 특성들을 쉽게 통제(혹은 시뮬레이션)할 수 있기 때문에 연구 대상의 여러 상황들을 재현할 수 있다. 따라서 과학에서 모델은 정당화justification의 논리에 속하는 것이 아니라 발견discovery의 논리에 속한다.

과학에서 가설과 이론을 표현하고 도출하는 데 연역·귀납적 사고만 허용될 것 같지만 실제로 위대한 과학적 발견에는 은유와 유추가 매우 중요한 역할을 했다는 것이 역사에 기록된 사실이다. 직관과 은유적 상상은 합리성에 기반을 둔 과학의 세계에서 멀리 떨어져 있을 것 같지만 실제로 수많은 천재 과학자들에게는 매우 자연스러운 정신적 영역이었다. 즉, 직관과 은유적 상상

13 M. Black (1962), *Models and Metaphors: Studies in Language and Philosophy*, Ithaca: Cornell University Press.

은 이성, 감성, 감각이 함께 작동하는 정신활동으로서 적용의 범위가 매우 넓고 깊다. 바바라 매클린턱Barbara McClintock[14]은 현미경을 통해 세포를 관찰하면서 "세포가 하는 말을 귀기울여 들을 줄 알아야 한다. 생명을 있는 그대로 온전히 느껴야 한다"고 말했다. 일반 과학자들이 연구 대상을 나누고 쪼개어 분석하는 데 집중한 반면, 그녀는 연구 결과물을 생명 전체의 관계 속에서 해석하려고 했다.[15]

'유비추론'은 익숙하게 알고 있는 영역(전거영역, source domain)을 통해 새로운 영역(목표영역, target domain)에 대한 이해를 구성한다는 의미에서 은유와 혼용해서 쓰기도 한다. 단, 은유는 일반적으로 더 구체적인 전거영역과 더 추상적인 목표영역의 연결을 수사학적으로 표현하는 것이고, 유추는 은유적 연결을 통해 추론적 사고를 한다는 차이가 있을 뿐이다. 과학자들은 자연(혹은 사회)에서 일어나는 새로운 현상이나 문제를 이해하기 위해, 또는 새로운 이론을 일반인들에게 이해시키기 위해 은유를 흔히 사용한다. 예컨대 생물학 교과서에서 단백질 간의 상호작용을 설명할 때 마치 지능을 가진 사람들 사이에 일어나는 상호작용과 같은 표현을 쓰기도 한다. '행성의 탄생과 죽음', '원자의 해부', '원소의

14 1983년 노벨생리의학상을 수상한 유전학자로 생명체의 생식세포가 생성되는 동안 유전정보가 교환될 때 염색체가 교환된다는 사실을 규명했다.

15 김홍기(2016), 「심장은 마음의 장기인가?: 심장의 존재론」, 김성준 외, 『마음의 장기 심장』, 바다출판사.

돌연변이'와 같은 은유적 표현이나 지구를 '거대한 자석'[16] 혹은 '움직이는 배'로[17] 유비적으로 설명하는 것도 은유와 유추를 과학에 도입한 예다. '맥스웰의 도깨비'라고 알려진 은유는 열역학 제2법칙을 위반하는 것이 가능한가를 입증하기 위한 맥스웰의 사고실험thought experiment이었다. 양자역학의 불완전함을 보이기 위해 고안한 사고실험인 '슈뢰딩거의 고양이'와 특수 상대성 이론의 시간지연 현상을 설명하기 위해 고안한 아인슈타인의 '쌍둥이 역설'도 과학에서 은유가 사용된 예라 할 수 있다. 위대한 수학자 힐베르트의 '호텔' 은유는 무한집합의 특성을 잘 설명해 준다. 이처럼 문학과 예술에만 필요할 것 같은 은유는 과학과 기술의 발전에 반드시 필요한 도구이며 동력이다.

유비추론이 머릿속에서 어떻게 일어나는지 좀 더 자세히 살펴보자. 앞서 언급한 인공지능에서의 사례기반 추론은 논리적(연역적) 계산을 통해 일어나는 것이 아닌 학습된 데이터(사람의 경우 경험 속에 축적된 사례들) 간의 유사성을 기반으로 하는 유비적 추론이다. 추론 규칙의 절차를 엄격히 따라가는 것이 아니기 때문에 정답을 보장해 주지는 못하지만 답을 찾는 데 빠르고 용이하다는 점에서 유비추론은 간편추론heuristics이라 할 수 있다. 유추는 서로 다른 대상(혹은 영역) 간의 유사성을 파악하는 것으로 세

16 W. Gilbert (1958), *De magnete*, translated by P. Fleury Mottelay, New York: Dover.

17 Galileo (1967), *Dialogue Concerning the Two Chief World Systems*, translated by S. Drake, Berkeley: University of California Press.

가지 차원에서 일어난다.[18] 첫 번째 차원은 대상이 가지는 일반적 '특징feature'들 간의 유사성을 찾아내는 것이다. 두 번째 차원은 대상들 사이의 '구조structure'에 대한 유사성을 찾아내는 것이다. 마지막으로 유비추론을 통해 해결하려는 '목적purpose'에 따라 유추가 일어나는 전체적인 방향과 조건에 관한 관점이 달라질 수 있다. 예를 들어, 새로운 놀이터를 설계하는 것에 대해 아이와 얘기를 나누면서 새의 세계를 관찰한다고 하면, 먼저 살아있는 생물로서 새와 사람 간의 생물학적으로 유사한 특성들을 찾아낼 수 있을 것이다. 숲 속에 사는 새들의 놀이 공간을 상상하며, 바다에 사는 돌고래 가족을 상상하며, 초원에 사는 아기 얼룩말들을 상상하며 아이들의 놀이터를 설계한다면 상상과 결합한 유비추론에 의한 것이다. 놀이터가 아닌 사람들의 주거환경을 설계할 때도 마찬가지일 것이다. 나무는 새가 노는 뒷마당과 같은 곳이고 둥지는 집과 같은 곳이다. 놀이터와 새의 세상에 있는 여러 물건들과 장소의 구조는 기능을 결정짓는다. 그런데 또 다른 관점, 즉 놀이터가 아니라 예쁜 의자를 설계하기 위해 새의 세상을 본다면 나뭇가지는 새가 앉아 쉬는 의자와 같다. 이런 식으로 유추의 목적에 따라 추론의 초점이 달라진다. 유추는 서로 다른 영역을 비교하면서 모든 상세한 내용을 포함하는 것이 아니라, 전체적인 관점을 정하고 그 안에 있는 중요한 요소들을 선택적으로 탐색하는

18 K. Holyoak and P. Thagard (1996), *Mental Leaps: Analogy in Creative Thought*, Cambridge, MA: MIT Press.

것이다.

과학적 발견에 은유와 유비추론이 중요한 역할을 한다 하더라도 과학적 설명은 정합성(일관성, coherence)을 가져야 한다. 설명에 있어서의 정합성은 크게 세 가지 종류로 구분된다.[19] 첫 번째, 연역적deductive 정합성이다. 연역적 추론을 통해 도출한 결론은 전제가 참이라면 반드시 참일 수밖에 없다. 올바른 연역추론의 절차를 따라간다는 것은 전제가 되는 모든 참인 명제들의 집합과 함의entailment 관계를 가지는 명제들을 도출하기 때문에, 모든 명제들 사이에 모순이 없다consistent는 의미에서 정합적이다. 두 번째, 확률적probabilistic 정합성을 생각해 볼 수 있다. 유비추론을 통해 이끌어 낸 설명들 사이에 무모순성을 보장하기는 매우 힘들다. 따라서 논리적 무모순성을 따르는 정합성을 보장하기도 힘들다. 정합성을 논리적 무모순성에만 한정한다면 논리적 분석이 아니라 경험을 통해 발견된 어떠한 새로운 사실들의 정합성도 증명하기는 매우 어려울 것이다. 따라서 설명을 이루는 각 명제들이 참일 확률에 대한 값을 기반으로 명제들 사이의 정합성을 계산해 볼 수 있을 것이다. 마지막으로 의미적semantic 정합성이다. 서로 다른 두 명제들이 얼마나 의미적으로 유사한가를 측정할 수 있다면 그에 따른 정합성의 정도도 측정 가능할 것이다. 두 명제가 의미적으로 일치한다면 당연히 두 명제 사이에는 정합성이 있다. 하지만

19 P. Thagard (1992), *Conceptual Revolutions*, Princeton: Princeton University Press.

의미적 유사성의 정도에 따라 두 명제 사이의 정합성에도 차이가 생긴다.

정합성은 다음과 같이 세 가지 측면으로도 살펴볼 수 있다. 즉, 정합성을 (1) 두 명제proposition 사이의 관계로, (2) 모든 명제들의 전체 집합에 대한 속성으로, (3) 명제들의 집합 내에 있는 각 명제에 대한 속성으로 구분할 수 있다. (1)을 기본으로 하여 (2)는 (1)에 의존하고 (3)은 (2)에 의존적이다. 즉, 첫 번째 측면의 정합성은 가장 기본이 되는 정합성으로 두 개의 명제 사이에 모순이 있는지 없는지를 살펴보는 것이다. 두 번째 측면의 정합성은 한 현상에 대한 과학적 설명을 이루는 모든 명제들 사이에 정합성이 있다면 그 설명 자체도 정합적이라는 의미다. 세 번째 측면의 정합성은 이미 정합적이라 알려진 과학적 설명에서 하나의 명제가 전체 설명을 구성하는 명제 집합에 대해 어느 정도 정합적인가에 관한 것이다. 매우 방대한 양의 연구 결과물들이 쏟아져 나오고 있는 오늘날의 과학계에서 이론이나 설명들 사이의 정합성을 검증하기란 매우 어려운 일이다. 예를 들어 일반인들에게는 매체의 건강과 질병에 대한 일관성 없는 보도들이 매우 혼란스럽고 신뢰할 수 없다. 지금도 저널이나 학회의 논문으로 출판되고 있는 과학의 방대한 지식이 텍스트가 아니라 컴퓨터가 처리할 수 있는 구조화된 데이터로 공개되고 서로 연결될 수 있다면 과학적 설명들 간의 정합성을 계산할 수도 있을 것이다. 오래전에 AI언어의 일종인 LISP라는 언어로 구현된 ECHO[20] 시스템은 정합성을 계산하고 사례기반의 유비추론이 가능하도록 개발되었다. ECHO

시스템은 과학적 설명에서의 다음과 같은 정합성 규칙을 기반으로 계산 알고리즘을 구현했다.

- **설명 정합성**: 만약 명제 P1 … Pn이 명제 Q를 설명한다면, (a) 설명 명제 집합의 원소인 P1 … Pm의 각 명제 Pi에 대해 Pi와 Q는 정합적이다. (b) 설명 명제 집합의 원소인 P1 … Pm의 각 명제 Pi와 Pj에 대하여 Pi와 Pj는 정합적이다. (c) 설명 명제 집합의 원소인 P1 … Pm의 수에 대해 (a)와 (b)의 설명 정합성의 정도는 반비례한다.
- **유추 정합성**: 만약 P1이 Q1을 설명하고 P2가 Q2를 설명하며 P1과 P2가 유비적analogous이고 Q1과 Q2가 유비적이면, P1과 P2는 정합적이고 Q1과 Q2는 정합적이다.

은유와 유비추론은 서로 다른 분야에서 밝혀진 지식과 이론을 함께 연결하여 새로운 지식을 구성하기 위한 매우 중요한 지적 활동이다. ECHO 시스템은 정합성에 대한 기본적인 규칙 몇 개를 더하고 인공신경망 구조와 비슷한 연결주의적 계산모델을 적용하여 사례기반의 유비추론을 컴퓨터에 구현했다. 최근에는 단순한 유비추론 시뮬레이션을 넘어서 새로운 과학적 발견으로 여러 분야에서 보편적으로 쓰일 수 있는 데이터 플랫폼과 인공지능

20 P. Thagard (1993), *Computational Philosophy of Science*, Cambridge, MA: MIT Press.

알고리즘에 대한 연구개발이 이루어지고 있다. 다양한 분야의 연구 성과물들이 데이터 형태로 서로 연결될 수 있다면 이들 간 정합성을 유지하면서 새로운 과학적 발견이 이루어질 수 있는 AI 추론도 가능할 것이다. 과학에서의 '초연결성'은, 지식의 연결과 융합을 통해 환원주의적 접근으로 밝힐 수 없는 복잡한 현상을 과학적으로 설명하려는 새로운 시도를 의미한다. 연역, 귀납, 유비가 상호작용하는 복합추론 기술에 대한 연구는 설명가능한 AIX-AI 기술로의 도약을 이루는 데 필수적이다. 최근 다양한 분야의 과학기술 성과물이 데이터로 공개되면서 빅데이터를 처리할 수 있는 AI 기술은 초연결 융합과학의 새로운 패러다임을 만들어 가고 있다.

공간의 은유

초연결hyper-connectivity이란 용어는 21세기 초 몇몇 사회학자들이 인류 역사상 경험하지 못했던 새로운 형태의 사회 조직구조 특징을 설명하면서 제안했다.[21] 정보통신 기술의 발달로 사람

---

21 Barry Wellman (June 2001), "Physical Place and Cyber Place: The Rise of Networked Individualism", *International Journal of Urban and Regional Research*, 25(2): 227-252; Anabel Quan-Haase and Barry Wellman (2006), "Hyperconnected Net Work: Computer-Mediated Community in a High-Tech Organization", in Charles Heckscher and Paul Adler (Eds.), *The Firm as a Collaborative Community: Reconstructing Trust in the Knowledge Economy*, New York: Oxford University Press, pp. 281-333.

들 간의 상호작용과 연결의 형태가 매우 다양하고 복잡해져서 기존의 집단group이란 용어로 사회의 구조와 현상을 설명하는 데 한계가 있다. 사람들 간의 관계 공간은 컴퓨터 네트워크의 공간과 중첩되면서 새로운 '물리-사이버-사회physical-cyber-social'라는 '다중세계multiverse' 공간의 개념이 생겨났다. 이러한 다차원 공간들을 복잡하게 이어 주는 초연결 네트워크 현상은 과학기술과 사회문화의 여러 다양한 요소들이 함께 진화한 결과물이라 할 수 있다. 21세기 과학기술에 있어서 초연결의 패러다임을 이해하기 위해 공간의 은유가 어떻게 과학기술에 적용되었는지 살펴볼 필요가 있다.

3차원 물리적 공간에서의 연결성connectivity은 매우 제한적이다. 연결은 물리적 법칙을 따르고 시간과 공간의 제약 내에서 이루어진다. 물리적 공간 내에 위치한 사물들 간의 관계는 지도의 형태로 표현될 수 있다. 지도가 표현하고자 하는 내용에 따라 물리적 공간 내의 대상(요소)들과 속성 및 위상적 관계들을 선택하게 된다. 이때 불필요한 상세한 내용을 생략함으로써 지도의 목적성에 충실할 수 있다. 공간의 은유는 개념 지을 수 있는 대상이나 사건들 간의 관계성과 연결성을 표현하기 위해 다양한 분야에서 사용된다.

예를 들어 음악공간music space의 은유는 오래전부터 음악적 경험을 설명하고 음악에 대한 이해를 돕기 위해 사용되었다. 음악은 물리적 소리와 철저히 구분된다. 음악은 물리적 소리에 담겨 전달되는 개념적 구성물conceptual construct이자 의식에 표상되는 의미다. 마치 단어와 문장이 글이나 소리로 전달되지만 개념이나 명제와 같은 표상적인 의미를 담고 있는 것과 같다. 경험되는 음악의 풍부한 의미를 전달하거나 이해시키기 위해 은유는 매우 유용하게 쓰인다. 음악에서는 공간 은유를 사용한 음조영역tonal region, 피치공간pitch space 등의 개념이 자주 사용되고 있다. 음과 공간은 서로 다른 개념이지만 공간 은유를 통해 음과 관련한 개념들에 대한 이해가 쉬워진다는 의미에서 앞에서 열거한 피치공간, 음조영역 등이 공간 은유의 예들이다. 음표들의 높낮이는 언덕의 오르막 내리막길이나 물체의 상승 하강과 유사해서 음악 연주를 들으면서 시각적 이미지를 상상하는 경우도 많다. 이처럼 공간의 은유가 음악과 같은 개념적 구성물과 어떻게 잘 연결될 수 있을까?

인지과학에서는 음악과 같은 의미적 표상의 내용을 가지는 개념들이 우리의 경험과 상관없는 추상적abstract 존재가 아니라 우리의 신체 속에 체화된embodied 인지적 구성물이라고 본다. 예를 들어 '상하', '앞뒤'와 같은 개념은 다양한 맥락에서 사용되는 은유적 표현이다. 우리의 인지 처리가 체화된 것이라 다양한 영역에서 자연스럽게 공간의 은유가 사용되지만 인식의 한계로 인해 3차원 물리적 공간에 제한된다. 하지만 공간 개념에서 차원dimension과 연결성을 한 단계 높은 수준으로 추상화할 수 있다면 공간 은유는 더욱 복잡한 현상을 이해하는 데 도움이 될 수 있다. 물리적 세계의 여러 단면들을 컴퓨터 사이버 세계로 구현하는 데 가장 중요한 개념적 구조체construct가 데이터라 할 수 있다. 데이터는 어쩌면 인간 문명을 통틀어 가장 중요한 발명품 중 하나일 것이다. 데이터를 모델링하는 데 자주 사용되는 은유가 바로 '공간'이다. '데이터 공간'이란 용어는 컴퓨터 공학에서 대규모 데이터셋들의 집합을 표현하기 위해 흔히 쓰인다. 데이터 공간 내에 데이터셋들이 어떤 방식으로 구조화될 수 있는가에 따라 데이터 처리를 위한 알고리즘도 달라질 수 있다. 데이터 엔티티entity의 속성과 관계성이 컴퓨터 세계에서 잘 표현되고 처리될 수 있도록 차원과 연결성의 개념을 수학적으로 추상화하는 다양한 방법들이 연구되고 있다. 그래프 데이터베이스, 다차원의 벡터 공간, 인공신경망 등이 그러한 예다. 데이터 공간이라는 표현이 컴퓨터 공학에서 널리 사용되는 이유도 공간 은유가 물리적 신체의 세계, 수학적 추상의 세계, 컴퓨터의 사이버 세계를 자연스럽게 연결해 주기 때문이다.

사이버 공간의 가장 대표적이고 잘 알려진 형태가 월드와이드웹World Wide Web이다. 웹은 인류로 하여금 코페르니쿠스적인 혁명적 변화를 경험하게 만들었다. 지역 중심의 사회는 중심이 없는 사회, 즉 세계 전체로 문화가 분산되는distributed 사회로 변화하고 있다. 분산은 분리와 구분되는데 이는 분산이 연결을 통해 이루어지기 때문이다. 거미줄을 뜻하는 단어인 웹의 설계자인 버너스리Tim Berners-Lee는 '무엇이든지 서로 연결되는 공간'의 비전을 품고 이 세상의 컴퓨터 하나하나에 (분산되어) 담겨 있으면서 동시에 서로 연결되는 사이버 공간을 현실화했다.[22] 물리학자였던 그는

22 Tim Berners-Lee (1999), *Weaving the Web*, San Francisco:

다양한 공간에 대한 은유적 상상을 통해 현존하는 몇 개의 기술들을 재조합해서 새로운 공간의 개념을 설계하는 동시에 현실화했다. 수많은 하이퍼텍스트 링크에 의해 지구상의 엄청난 양의 정보가 서로 연결되는 사이버 공간이 현실의 물리적 공간과 공존하는 세상을 만들었다.

테드 넬슨Ted Nelson은 이미 1965년 '재너두Xanadu'라는 프로젝트에서 미래의 컴퓨터를 묘사하면서 비선형적이고 비순차적으로 문서를 작성하고 출력할 수 있는 '하이퍼텍스트' 개념을 제안했다. 그는 주어진 순서대로 읽을 필요 없이 짧은 인용에 붙은 링크를 통해 인용된 원문을 참조할 수 있는 비순차적인 텍스트를 '하이퍼텍스트'라고 이름 붙였다. '하이퍼텍스트' 개념을 공간적 연결을 통해 구현하기 위해 팀 버너스리가 활용한 기술이 SGMLStandard Generalized Markup Language이었다. SGML은 1986년 골드파브Charles Goldfarb 등에 의해 ISO 표준으로 발표되었는데, 문서와 데이터를 기술하기 위한 문법규칙의 집합인 일종의 메타 언어meta language이면서 '마크업markup' 언어다. 마크업 언어 개념은 아주 오래전부터 인쇄 기술과 함께 발전되어 왔다. 이것은 활자의 모양을 정하거나 바꾸기 위한 조판을 지정해 주는 표시에 관한 규칙을 현대화한 것이다. 전자출판에서는 문서에 덧붙여지는mark-up 표시로서 문서의 구조나 의미를 적절하게 바꾸어 프린터나 스크린에서 출력이 가능하도록 한다. 마크업을 코드, 태그,

---

HarperSanFrancisco.

토큰이라고 부르기도 한다. 버너스리는 범용적 사용을 위해 만들어진 복잡한 SGML을 단순화해서 매우 제한적으로 '하이퍼링크'와 웹브라우저상에서 텍스트의 출력 형식을 정해 주는 규칙들만 결합하여 새로운 언어인 HTMLHyper Text Markup Language을 제안했다. SGML은 사용이 복잡하고 속도가 느린 탓에 속도가 빠르고 문법규칙이 쉬운 HTML을 널리 사용하게 되었다.

버너스리가 활용한 또 하나의 기술이 바로 인터넷이었다. 인터넷(inter, 사이+net, 망)이란 단어는 '네트워크들의 네트워크'를 의미한다. 인터넷은 전 세계에 분산되어 있는 다양한 네트워크들을 물리적 연결방식에 상관없이 하나의 거대한 가상적virtual 네트워크에 접속하도록 하는 기술이다. 1969년 ARPANET이란 이름의 프로젝트에서 출발한 인터넷은 미 국방성에서 군납업체와 관련 연구기관 간의 정보공유를 위해 시작했다. 월드와이드웹에서의 공간적 연결의 개념은 이미 인터넷 기술을 통해 구현가능한 상태였지만 정보와 문서들이 이처럼 사이버 공간에서 연결되리라고 생각하지는 못했다. 상상은 했을지라도 대부분 이미 존재하는 기술들의 잠재력을 파악하여 결합하고 새로운 기술로 재창조하여 이것이 활용될 수 있도록 하는 실천적 힘이 부족했다. 버너스리의 창조적 상상력이 그의 실천적 리더십과 결합되면서 기술은 세상을 바꾸는 문명의 동력이 되었다.

사이버 공간에서 연결되는 대상들은 무궁무진하다. 물리적 법칙과 시공간의 제약이 없으므로 사람의 머릿속에 개념화할 수 있는 모든 것들은 연결될 수 있다. 문서, 데이터, 지식, 사람, 컴퓨터 등 모든 것들이 이름 붙여지고 개별적 존재로 인식되는 순간, 이들의 속성과 관계성은 모두 사이버 공간에 표현될 수 있다. 이것이 웹 3.0이라 불리기도 하는 시맨틱웹Semantic Web이다.[23] 개체의 속성과 관계성을 의미적으로 표현할 수 있으니 이제 공간의 개념은 데이터와 의미의 공간으로 확장된다. 물리적 공간을 넘어서 데이터와 정보의 개념적 공간을 지도로 표현하거나 이해하는 데 널리 쓰이는 방식이 그래프와 네트워크다. 그래프와 네트워크는 기존의 관계형 데이터베이스에서 표현하기 힘든 데이터 항목에 대한 의미를 더욱 풍부하게 표현할 수 있을 뿐만 아니라 연결의 확장이 자유롭다. 데이터의 그래프 구조를 웹상에 구현할 수 있도록 해서 데이터 간의 의미적 연결이 가능하게 한 마크업 언어가 RDFResource Description Framework다.[24] 기존의 HTML이 문서의 출력형식에 대한 태그 규칙의 집합이라면, RDF는 사이버 공

23 김홍기(2002. 4), 「보이지 않는 공간의 혁명」, 『마이크로소프트』.

24 RDF는 객체지향의 데이터 표현이 가능한 그래프 구조를 갖는다. RDF 언어의 기본 가정은 다음과 같다. (1) 모든 사물, 개념, 사건 등은 '고유한 식별자unique identifier'를 부여함으로써 '웹의 자원resource'으로 웹상에 존재하게 된다. (2) 고유 식별자로 구분되는 웹의 자원을 기술하는 방식은 사람이 지식을 표현하는 방식과 같다. 사람의 머릿속에 있는 지식은 '주어Subject-서술어Predicate-목적어Object' 구조의 작은 원소들로 표현할 수 있다. 이런 S-P-O 원소들의 연결은 그래프 형태로 무한히 확장가능하다. (3) RDF는 지식과 의미를 표현하는 전산언어이므로 RDF로 표현된 웹상의 데이터는 컴퓨터에서 질의와 추론이 가능하다.

간에서 데이터 간 의미적 연결을 무한히 넓힐 수 있는 그래프 기반의 웹 표준언어다. HTML로 구현된 1세대 월드와이드웹이 문서(웹페이지) 중심의 웹web of document이라면 RDF로 구현된 시맨틱웹은 '데이터웹web of data'이라 할 수 있다. RDF 웹 표준언어를 포함하여 데이터웹을 구현하는 여러 표준기술의 집합을 '시맨틱웹'이라고 한다. AI가 성능 좋은 자동차라면 시맨틱웹 기술은 AI가 잘 달릴 수 있도록 건설된 고속도로라 할 수 있다. 매우 직관적이고 단순한 데이터 구조가 무한히 연결될 수 있기 때문에 웹상에서 거대한 데이터 공간space을 만들 수 있다. 최근에는 정부와 연구기관에서 출판하는 데이터셋들이 데이터 플랫폼상에서 RDF 표준을 따르는 오픈 데이터로 서로 연결되어 AI 분석 기술과 결합하면서 융합과 협업 연구가 활발히 이루어지고 있다. 시맨틱웹은 링크드 데이터linked data 혹은 지식그래프knowledge graph란 이름으로 과학과 산업의 다양한 분야를 연결하는 거대한 '지식공간knowledge space'으로 진화하고 있다. 이에 대한 기술적 요소와 응용 분야에 대해 4장에서 자세히 소개할 것이다.

생명과 진화의 은유

산업기술 발전 과정과 생명체의 진화 과정은 은유적으로 잘 연결될 수 있다.[25] 21세기 4차 산업혁명의 중요한 특징 중 하나가

---

25 김홍기(2017), 「인공물과 생물진화 간의 시스템적 은유」, 이정동 외, 『인공물의 진화』, 서울대학교출판문화원.

인간 문명이 초연결 사회로 진화하고 있다는 것이다. 4차 산업혁명Industry 4.0은 독일 정부가 제조업의 활로를 모색하기 위한 전략으로 제안한 '스마트 공장'을 개념적으로 설계하면서 나온 용어다. '산업'이란 상품이나 서비스를 생산하는 경제적 관점에서의 시스템으로 정의할 수 있다. 역사적 관점에서 보면 산업은 상품의 품질과 생산성을 높이기 위해 인간의 문명과 함께 지속적으로 진화하는 생명체라고도 할 수 있다. 4차 산업혁명에 이르기까지 산업 시스템의 발전 과정을 이해하기 위해 생명체의 진화와 비교해 볼 수 있을 것이다. 20세기 여러 학문 분야에 도입된 시스템적 사고는 오늘날 과학기술 발전을 이끄는 중요한 패러다임으로 자리 잡았다. 가장 복잡한 시스템이라고 할 수 있는 생명체의 중요한 특성과 기능에 대한 은유적 사고는, 여러 다양한 산업의 근간이 되는 기술적 요소에 대한 이해에도 도움이 될 것이다. '시스템'이란 일반적으로 '서로 상호작용하는 구성요소들이 특정 목적을 위해 연결되어 있는 전체'라고 할 수 있다. 시스템적 관점에서 봤을 때 '생명체'의 구성요소들 간 상호작용은 매우 복잡하고 정교하다. 일반적으로 생명체는 환경과 상호작용하는 열린 시스템으로서 자기조직화self-organization라는 특성을 가지고 있다. 생명체는 외부에서 공급받는 물질 에너지를 통해 자기 내부의 구성요소들을 변화시키거나 자라게 할 수 있다.

〈그림 1〉은 산업기술의 진화 과정이 생명체의 발달 및 진화 과정과 매우 유사하기 때문에 은유적으로 설명할 수 있음을 보여 준다. 산업 시스템 진화의 관점에서 보았을 때 1차 산업혁명은

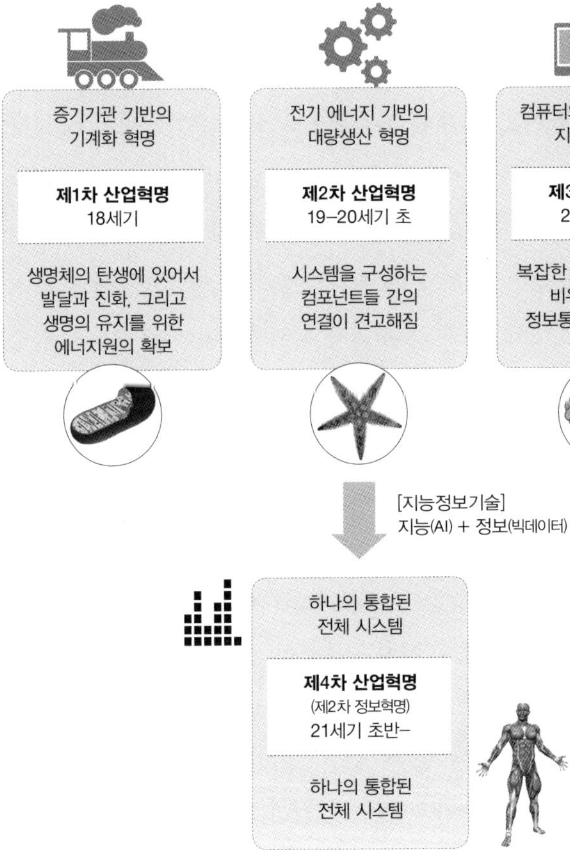

〈그림 1〉 산업의 진화(생명 시스템의 은유)

산업이 상품과 서비스를 생산하는 시스템으로 탄생한 단계다. 18세기 중반부터 19세기 초반까지는 물리, 화학, 기계공학 등의 영향으로 생산의 기계화mechanization와 생산 동력자원의 혁명이 일어난 시기였다. 마치 생명체에 있어서 발달과 진화, 그리고 생명의 유지를 위한 에너지원의 확보가 가장 중요한 것과도 같다. 대량생산 체계를 갖추게 된 2차 산업혁명 시기에 생산 어셈블리 라인을 갖춘 공장들이 만들어지고 산업은 비로소 시스템으로서의 면모를 갖추게 되었다. 시스템을 구성하는 컴포넌트들 간의 연결이 견고해지면서 생산의 효율성은 높아졌다. 생명체에서 몸은 각 기관들이 구조적·기능적으로 서로 연결되어 상호작용하면서 생명을 유지한다. 공장을 몸으로 비유하자면 생산을 위해 가장 최적의 프로세스를 유지할 수 있는 생산 라인 체계를 갖추게 된 것이다. 2차 산업혁명은 자동차 산업과 같이 대량생산의 효율적 시스템 환경을 만들고 안정화할 수 있는 단계로 산업이 진화한 것을 의미한다.

3차 산업혁명은 고등 생명체에서의 복잡한 신경연결망으로 비유될 수 있는 정보통신 기술의 발달로 가능할 수 있었다. 컴퓨터와 인터넷, 전기·전자적 자동화 기술은 산업 시스템의 지능을 높이고 생산자와 소비자 사이를 더욱 빠른 속도로 이어 주었다. 경제적 시스템인 산업은 선형적 가치사슬을 넘어, 가치생산의 복잡한 네트워크 구조[26]를 형성하게 되었다. 예를 들어 제조업의 경우 설계, 생산, 유통, 판매, 관리의 모든 프로세스는 자동화된 네트워크로 이루어진다. 산업의 단기변동과 장기성장에 유연하게 대처할 수 있는 디지털 경제 시스템으로서의 혁명적 변화가 현재

26 데이비드 보벳 외(2000), 『밸류넷』, 최재화·김홍기 옮김, 좋은책만들기.

진행형으로 이루어지고 있는 시대에 우리는 살고 있다.

산업혁명의 단계를 어떻게 명명하고 개념화하든지 시스템의 관점에서 기술·산업·사회·문화 간 공진화의 진행과정은 복잡계의 진화로 설명할 수 있다. 시스템에서 전체를 구성하는 컴포넌트들의 수가 많을수록 이들 간의 연결 수는 기하급수적으로 증가하고, 이에 따라 시스템의 복잡도도 증가한다. 하나의 통합된 전체 시스템을 만들고 운영하기 위해 모든 부분들을 어떤 방식으로든 연결해야 하는데 시스템이 복잡할수록 비용이 높아진다. 이런 문제를 해결하기 위해 각 부분들을 일정하게 구분된 모듈(module 혹은 subsystem)들로 먼저 설계하고, 이후에 이들을 연결하여 전체 시스템을 구성할 수 있다. 각 모듈로 구조화된 하위 시스템들은 내부에서는 컴포넌트들 사이의 연결이 비교적 단단할 수 있지만, 모듈끼리는 느슨하게 연결되어야 유연성이 높아지고 시스템의 발달과 진화에 유리할 수 있다.[27]

초연결 사회hyper-connected society를 만들어 가는 4차 산업혁명을 올바르게 이해하기 위해서는 이러한 복잡계 진화의 관점으로 살펴볼 필요가 있다. 다음 장에서 자세히 다루겠지만 시스템 관점은 이 세상에 존재하는 모든 것들에 대하여 단순하지만 동일한 관점으로 해석할 수 있는 틀을 제공해 주기 때문에 이들을 자유롭게 연결하는 것도 가능해졌다. 시스템으로 존재하는 아이디

27 김홍기(2017), 「인공물과 생물진화 간의 시스템적 은유」, 이정동 외, 『인공물의 진화』, 서울대학교출판문화원.

어, 사람, 디바이스, 데이터, 환경 등을 서로 연결하여 다양한 상품과 서비스(복잡한 시스템)로 만드는 혁명적 변화가 4차 산업혁명이다. 3차 산업혁명이 자동화 기술을 통해 물리적 공간에서의 연결을 스마트하게 하는 것이라면, 4차 산업혁명은 이를 넘어선 연결을 의미한다. 예컨대 사이버 세계, 물리적 환경, 생명체를 '사물인터넷internet of things' 기술로 연결하여 생명과학기술 분야에 적용할 수도 있을 것이다. 사물 인터넷, 인공지능, 로봇, 클라우드 컴퓨팅, 인지 컴퓨팅, 유전자 가위, 빅데이터와 같은 기술적 개념들은 모두 복잡계로서의 산업 시스템을 구성하는 데 필요한 '데이터-사물-생명' 시스템으로 연결하는 기술의 단면들이다. 초연결 사회의 산업은 모듈화된 제품, 서비스, 객체, 산업계, 자연계, 사용자, 사회가 서로 연결되면서 새로운 현상과 가치가 끊임없이 창조되고 진화한다. 이러한 모듈들을 이어 주고 통합할 수 있는 것은 모든 산업과 과학이 데이터를 기반으로 생태계ecosystem를 만들어 가고 있기 때문이다.

2. 시스템 패러다임과 인공지능[1]

초연결 과학의 패러다임

기계론적 환원주의를 토대로 현상에 대한 인과적 설명을 제공하는 실험은 1세대 경험과학의 패러다임을 열었다. 실험의 방법론과 현미경 같은 관찰 도구의 개발은 경험과학의 토대가 되었다. 실험과 관찰을 위한 다양한 도구와 방법론들이 발전하면서 연구 성과물의 양이 이전과 비교될 수 없을 정도로 증가하게 되었고 출판을 통해 여러 과학이론들이 발표되었다. 케플러와 뉴턴의 물리학에서 출발한 이론 중심의 과학을 제2세대 과학혁명이라 할

1 2장의 일부 내용은 필자의 다음 문헌들을 수정하고 재편집한 것이다: 김홍기(2021), 「AI 개념과 기술의 역사적 발전」, 엄석진 외, 『AI와 미래행정』, 박영사; 김홍기(2017), 「인공물과 생물진화 간의 시스템적 은유」, 이정동 외, 『인공물의 진화』, 서울대학교출판문화원.

수 있다. 복잡한 자연현상에 대한 과학적 설명 간 정합성을 검증할 수 있는 수학과 통계학적 모델링의 방법론이 발전하게 되었다. 이 시기에는 '정상과학normal science'의 패러다임 형성과 이를 반증하는 이론들이 발표되면서 과학계에서는 이전과 비교할 수 없을 정도의 과학적 논쟁이 활발히 진행되었다. 실험과 관찰을 통한 연구 데이터의 축적과 다양한 이론의 등장으로 방대한 양의 데이터 처리에 대한 요구가 있게 되었다. 이후의 제3세대 과학혁명은 디지털 컴퓨터 시대와 함께한다. 즉, 컴퓨터의 자동화 기술과 정보통신 기술이 3차 산업혁명을 도래하게 했듯이 기존의 분석적 과학이론으로 풀 수 없었던 복잡한 문제를 풀 수 있게 한 컴퓨터의 계산 능력은 3세대 과학 패러다임이라 할 수 있다. 20세기에 들어서면서 과학기술 패러다임으로 등장한 것이 컴퓨터 기술을 중심으로 한 시스템의 관점이었다. 하지만 20세기의 시스템적 관점은 대용량 데이터 처리를 감당할 정도의 컴퓨터 기술이 완전히 성숙되지 않았고 융합 연구가 활발하지 않은 상태여서 과학적 패러다임으로 온전히 자리잡지는 못했다. 시스템적 사고의 틀은 현상을 해석하는 데 추상적이며 개념적 도구로서는 좋을 수 있지만 복잡한 현상에 대한 구체적 구조와 프로세스를 밝히는 데에는 한계가 있었다. 시스템의 관점을 이끌어 온 컴퓨터 기술은 여러 산업분야의 자동화에는 커다란 공헌을 했지만, 과학적 연구를 지원하는 보다 지능적인 업무에는 한계가 있었다. 4차 산업혁명을 이끌고 있는 오늘날의 빅데이터 기반 인공지능 기술은 과학 연구에 있어서 초연결 기반의 다중·복잡 시스템적 패러다임을 정착시키는 역할을 하고 있다.

과학과 기술의 진화에 있어서 연결과 초연결적 특성은 시스템 패러다임의 진화와 깊은 관계가 있다. 시스템에서 구성요소들 사이의 연결과 상호작용을 통해 일어나는 창발적 특성에 대한 이해는 부분들에 대한 환원적 파악을 넘어 시스템 전체에 대한 새로운 방식의 설명과 이해를 요구한다. 연결이 한 시스템 내에서 전체를 구성하는 방식이라면, 초연결은 시스템의 경계를 넘어선 매우 다양하고 복잡한 형태의 연결을 의미한다. 따라서 다양한 시스템 간의 초연결은 한계 없이 진화할 수 있다. 연결과 초연결을 통해 일어나는 창발emergence이라는 현상은 부분 속에 존재하지 않기 때문에 부분을 세밀하게 관찰하고 분석한다 해도 창발의 기전mechanism을 알기 힘들다. 창발은 존재적ontological 차원에서 전체에 속하기 때문에[2] '지능'과 같은 매우 복잡한 창발적 현상은 시스템 설계자의 인식적epistemological 차원의 의도에 따라 통제하거나 예측할 수 없다. 오늘날 과학의 근간이 되는 기계론적 환원주의는 '전체에 대한 이해는 부분에 대한 정밀한 이해를 통해 가능하다'는 믿음이다. 예컨대 환원주의에 따르면 우리 몸의 질병에 대한 온전한 이해는 우리 몸을 이루는 분자 수준의 프로세스를 이해할 때 가능하고, 분자생물학에서 다루는 지식의 체계를 좀 더 잘 이해하기 위해서는 물리화학적 이해가 필요하다. 우리 몸과

---

2 M. Bunge (2003), *Emergence and Convergence: Qualitative Novelty and the Unity of Knowledge*, Toronto: University of Toronto Press.

같은 자연의 세계와 현상은 존재적 차원에 있지만 과학은 지식의 체계를 다루는 인식론의 영역에 있다. 연결과 초연결은 존재적 차원뿐만 아니라 인식적 차원의 특성이기도 하다. 과학이 발전하면서 더욱 복잡한 현상을 파악하기 위해 노력한 결과, 다양한 지식의 체계들도 연결되기 시작했다. 과학에서 지식 간 연결과 초연결을 통한 융합convergence은 인식적 차원에서 전체를 더 잘 파악하기 위한 노력이다.

1장에서 언급한 ECHO 시스템은 유비추론을 사용하여 과학적 발견이 이루어지는 과정을 컴퓨터로 시뮬레이션한 예다. 시스템 생물학은 생물학적 현상을 분자단위로 디지털 시뮬레이션할 수 있다면 복잡한 실험실에서 동물을 대상으로 하는 연구보다 더 잘 설명하고 예측할 수 있으리라는 가정하에 출발한 학문이다. 하지만 생명현상은 하나의 시스템 관점에서 밝힐 수 없는 다양한 계층의 시스템들이 상호작용하면서 일어나는 복잡한 현상이다. 여전히 환원주의적 관점과 기계론적 관점이 과학 전반의 중요한 연구 패러다임으로 자리잡고 있기 때문에 융합과 수렴을 위한 복합multi 시스템적 패러다임을 제안할 필요가 있다. 초연결은 부분들의 집합을 넘어설 뿐만 아니라 다양한 시스템들이 서로 연결된 구조를 의미한다. 또한 초연결의 과학기술은 데이터 중심의 생태계를 의미한다. 데이터 중심의 4세대 과학 패러다임은 실험, 이론, 컴퓨터 시뮬레이션의 결과가 데이터로 표현되고 서로 복잡하게 연결되는 것을 의미할 뿐만 아니라 다양한 방법론과 연구자들도 서로 연결되어 이루어지는 협력적 연구의 문화를 의미한다. 이처럼 21세기 들어 기존의 환원주의적 연구방법론과 함께 시스템의 관점에서 중요하게 여기는 상호작용과 관계성에 대한 패턴을 찾아내기 위한 데이터 기반의 과학 연구가 부각되기 시작했다. 데이터 중심의 초연결 과학에서는 부분을 엄밀하게 바라보는 환원주의reductionism와 시스템 전체의 패턴과 관계성을 중요시하는 전일주의holism가 대립되거나 대체되는 관계가 아니다.

이 책에서는 과학에서의 '전일성' 논의를 초연결 과학의 관점에서 조망하면서 환원주의와 전일주의가 대립보다는 상호 보완될 수 있음을 제안하고자 한다. 이를 위해 여러 학문 영역에서의 연구 결과물로서 공개되고 있는 데이터 간의 복잡한 상호연결성과 모듈성을 데이터 중심의 초연결 과학의 관점에서 살펴볼 것이다. 이 장에서는 연결성connectivity을 시스템 패러다임의 관점에서 조망하며, 19세기 이후 과학기술 혁명의 패러다임으로 자리잡은 시스템의 관점이 어떻게 도입되고 발전되어 왔는지에 대해 살펴볼 것이다. 20세기 디지털 컴퓨터의 도입과 함께 과학기술은 본격적으로 데이터를 기반으로 자동화, 융합, 지능화라는 트렌드를 창조하면서 진화하고 있다. 이에 더해 방법론의 관점에서 인공지능 기술과 비선형 수학은 기계론적 인과성을 넘어선 복잡한 시스템을 이루는 구성체들 간의 상호 관계성과 상호작용에 대한 새로운 인과적 설명의 틀을 제공하고 있다. 또한 인식론적 관점에서는 파편화된 과학 연구의 결과물들이 서로 연결됨으로써 융합과 협력의 가능성이 훨씬 커졌으며 이를 통해 새로운 과학의 발견이 가속화하고 있다. 최근의 코로나19 사태를 겪으면서 과학계는 연구 결과들을 신속히 공개할 필요성을 공감하게 되었고, 이를 토대로 데이터 중심의 새로운 과학 연구 문화가 정착되고 있다. 인공지능의 분석 기술이 새로운 과학 연구 방법론으로 널리 사용될 수 있는 가능성을 보여 주고 있다면, 데이터 중심 과학에 있어서 데이터 모델링 및 연결의 표준이 되는 지식그래프 기술도 소개할 것이다.

과학의 목적이 자연(사회)현상을 설명하고 예측하면서 세계에 대한 지식과 진리를 탐구하는 것이라면, 기술은 과학적 지식을 기반으로 세상을 변화시키는 데 도움을 주려는 목적을 가진다. 과학과 기술은 앞서 언급했듯이 공진화하고 있다. 따라서 과학과 기술의 패러다임도 함께 변화하고 있다. 초연결 과학기술 혁명의 구조를 이해하기 위해 역사적 관점에서 과학과 기술의 발전에 대한 시대적 흐름을 조망하는 것이 중요하다. 대용량 데이터 처리가 가능한 컴퓨터 기술이 성숙되기 이전의 경험과학은 수많은 실험과 관찰을 기반으로 한 귀납적inductive 추론을 통해 과학적 주장의 타당성을 입증하는 방식으로 발전이 이루어졌다. 하지만 경험적 귀납과 기계론적 환원만이 과학적 발견의 논리logic of scientific discovery가 되기에는 해결해야 할 현실의 문제가 훨씬 복잡하고, 새롭게 분석할 수 있는 데이터의 양도 넘쳐 난다. 초연결 과학기술의 패러다임은 연결과 협력을 지향하면서 기존의 환원주의와 경험주의적 틀의 한계를 극복하여 새로운 과학적 발견의 논리를 제공할 수 있을 것이다.

시스템 패러다임의 역사

디지털 컴퓨터 시대의 막이 오른 1940년대에 여러 다양한 학문을 관통하는 패러다임을 지칭하는 키워드 하나를 호명하라면 '시스템'이라 할 수 있겠다. 일반 시스템 이론general system theory의 주창자인 오스트리아 생물학자 베르탈란피Ludwig von Bertalanffy는 생명체living organization 개념은 사물thing이라기보다 시스템의 관점으로 본 사건event들의 패턴pattern이라고 했다.[3] 즉 생명체는 역동적으로 상호작용하는 흐름으로서, 요소들이 가지는 성질들로 환원될 수 없는 전체로서 조직 자체의 창발적 특성을 가진다. 그는 시스템을 "공동의 목적을 위해 상호작용하는 서로 연결된 구성체들interconnected components의 집합"이라고 정의했다. 예컨대, 생명체는 생존을 위해서, 교통 시스템은 교통의 원활한 운영을 위해서, 몸의 소화기계digestive system는 소화를 위해서, 정당은 정권을 잡기 위해서 각각 존재한다. 구성체들이 서로 연결된 전체인 시스템은 외부환경과 구분되는데, 외부환경과 상호작용하는 여부에 따라 열린open 시스템과 닫힌closed 시스템으로 나뉜다. 생명 시스템은 환경과 유기적 상호의존 관계를 갖고, 더 상위의 큰 시스템 속에서 작용하면서 발전하는 관계다. 즉 분자들의 집합은 세포를 구성하고, 세포는 기관을, 기관은 몸을, 그리고 사람들이 모여서 사회를 각각 구성한다. 생명체, 지구, 정부조직, 컴퓨터, 로봇들이

3 Ludwig von Bertalanffy (1968), *General Systems Theory*, New York: George Braziler.

어떻게 구성되고 기능하는지는 모두 시스템 이론으로 설명되거나 설계될 수 있다. 이처럼 여러 학문 분야를 통합할 수 있는 공통적인 사고와 연구의 틀로서 시스템 이론이 20세기 중반 무렵 다양한 분야의 학자들에 의해 제안되었다.

그 당시 시스템 이론과 동의어로 쓰이기도 했던 사이버네틱스cybernetics는 로봇제어공학을 비롯한 여러 학문에 매우 중요한 이론과 방법론적 토대가 되었다. 사이버네틱스는 그리스어로 'Kybernetes'인데 '항해할 때 키를 조종하다steer, navigate, govern'를 의미하며, 영어의 'governance'와 같은 뜻이다. 플라톤의 『국가론 *The Republic*』에서 "the study of self-governance"라는 표현과 함께 처음 사용된 용어다. 아리스토텔레스가 세상의 사건을 설명할 때 사용한 원인과 결과의 관계 중 목적성*télos*, purpose의 개념도 'governance' 개념과 통한다. 현대 컴퓨터공학과 윤리 철학에서 사용되는 '목적 지향성'을 가진 행위자를 뜻하는 'agent' 개념도 이와 관련 있다. 사이버네틱스는 당시의 환원론적 기계론과 대비되는 목적론적 기계론teleological mechanism에서 유래된 피드백feedback[4] 제어의 개념을 발전시켰다. 사이버네틱스는 20세기 초에 다학제적 융합 학문으로서 전기공학, 기계공학, 진화생물학, 신경과학, 컴퓨터공학, 경제학 등 다양한 학문 발전에 중요한 공헌을 했다.

4 18세기 후반 제임스 와트James Watt는 증기기관의 모델을 제작하면서 교정 피드백corrective feedback의 원리를 제안했다. 유입되는 물의 양과 유출되는 물의 양을 적절히 조절하기 위해 밸브를 제어하는 방식이 일종의 피드백 작동 원리다.

'피드백'이란 미리 설정된 목표에 맞게 시스템이 제대로 작동하고 있는지에 대한 정도를 신호로 알려 주는 시스템의 동작 원리다. 피드백은 부적negative 피드백과 정적positive 피드백으로 구분된다. 여기서 '부적'과 '정적'이라는 용어는 부정적이거나 긍정적이라는 가치 중심의 개념과는 상관없다. 부적 피드백 루프는 현 상태를 복구함으로써 목표와 실행 사이의 편차를 줄여 주는 것인데, 특정 온도를 유지하게 하는 온도조절장치, 자율신경 시스템, 생물학에서의 항상성 개념이 여기에 속한다. 시스템을 안정화하고 항상성을 유지하는 과정이 부적 피드백인데, 몸에 열이 없으면 더 많이 떨게 되고 온도가 낮을수록 히터는 더 세게 작동하는 것과 같이, 한쪽이 많아지면 다른 쪽은 적어지는 현상들이 여기에 속한다. 사람과 같은 인지 시스템에서는 과거 경험을 통해 형성된 관점 안에서 정보를 변형 또는 왜곡하여 수용하는 현상도 부적 피드백의 예다.

반면 정적 피드백은 일탈을 지시하는 신호가 일탈을 증가시키는 행위를 끌어낼 때 발생하며, 개개의 변화를 다음의 변화에 추가하여 편차를 보강하거나 확대하는 기전을 말한다. 기본적으로 입력값이 정해진 값을 초과할 때 그 값을 낮추어 주는 것이 부적 피드백이라고 한다면, 정적 피드백은 '많을수록 더 많아지는' 확장적이고 누진적인 효과를 준다. 이런 정적 피드백은 시스템이 외부환경이나 다른 시스템과 원활하게 소통하지 못하는 고립된 상황에서는 끊임없이 성장하게 되어 시스템은 결국 파멸에 이르게 된다. 한 예로, 몸의 암세포가 세포의 사멸 경로에 문제가 생겨 죽지 않고 계속 증식하는 것과 같다. 하지만 정적 피드백은 긍정적 의미에서 새로움과 불안정성을 산출하여 이미 주어진 시스템의 목표를 수정할 수도 있다. 주변에 불안한 상태들이 지속되면서 입력과 코드화된 규준들 사이에 부조화가 발생하면 기능장애 상태가 되는데, 생명체와 같은 복잡하고 정교한 시스템은 파멸이 아니라 새로운 상태에 어울리는 새로운 행동을 찾아낼 수 있다. 이러한 새로운 상태로의 발전이나 진화를 '자기생성autopoiesis'이라고 한다. 자기생성이라는 개념은 칠레의 생물학자인 마투라나Humberto Maturana와 바렐라Francisco Varela가 처음 사용했는데 '스스로를 창조한다self-creation'는 뜻이다. 시스템 구성요소들의 재생산과 재배치를 통해 발생한 시스템 내부의 구조변화로 인해 외부로부터 오는 입력 정보의 처리가 달라지는 것을 말한다. 이 경우 시스템의 행동을 결정하는 것은 입력이 아니라 시스템 안에서 일어나는 현상이다.

사이버네틱스를 학문으로 정립하고 피드백 이론을 정교하게 발전시킨 인물은 위너Norbert Wiener다. 전기·전자공학, 기계공학, 심리학, 사회학, 생리학, 경제학 등의 학문에 통달한 그는 종합학문인 사이버네틱스를 제창했다. 사이버네틱스는 정보를 처리하는 인지 시스템이라는 점에서 인공지능과 동일시되기도 한다. 하지만 인공지능은 주로 시스템 내부의 정보처리 과정과 지식의 표상에 관한 소프트웨어적 관점에서 다루는 학문이라 할 수 있다. 반면 사이버네틱스는 환경과 끊임없이 상호작용하는 관계성과 자율성을 강조하고, 하드웨어와 소프트웨어를 구분하지 않고 있다. 최근 연구가 활발히 진행되고 있는, 환경과의 상호작용을 스스로 학습하는 '적응적 로봇adaptive robot'의 개념이 사이버네틱스로부터 진화발전한 것이다.

인공지능의 역사

AI가 공식적으로 탄생한 해는 1956년이다. '인공지능artificial intelligence'은 다트머스 대학의 작은 콘퍼런스를 주도했던 젊은 과학자 중 한 사람인 존 매카시John McCarthy가 붙인 이름이다. 이들은 바로 한 해 전인 1955년에 록펠러 재단으로부터 이 모임을 위한 소액의 연구비를 받기 위해 다음과 같은 7개의 주제를 담은 제안서를 제출했다. 그 당시 이들이 제안한 근본적인 연구 주제들은 오늘날까지 인공지능 분야에서 핵심적으로 다루고 있는 것들이다.

(1) 컴퓨터의 자동 알고리즘Automatic Computers
(2) 자연어 처리How Can a Computer Be Programmed to Use a Language
(3) 신경망Neuron Nets
(4) 계산처리의 효율성Theory of the Size of a Calculation
(5) 오류의 자기 수정과 진화Self-Improvement
(6) 개념 추상화Abstractions
(7) 무작위성과 창의성Randomness and Creativity

다트머스 대학의 작은 모임에서 젊은 연구자들이 제안한 7개의 연구주제들은 여전히 중요하면서도 완전히 해결되지 않은 현재진행형이다. 1940년대에 진공관 컴퓨터가 처음 등장했으니, 이들은 다트머스에서 함께 상상하며 AI라는 학문적 비전을 만들었다. 그들은 오늘날과 같은 성능 좋은 하드웨어도, 이를 제어할 수 있는 소프트웨어 기술도 없는 상태에서 철학적 사유, 심리학적 관찰, 수학적 증명이란 수단을 총동원해서 상상을 현실화하기 시작했다.

AI 탄생의 자리에 함께하지 못하고 일찍 생을 마감한 천재 수학자 튜링Alan Turing은 컴퓨터가 만들어지기 이전인 1936년에 현대 계산computation 이론의 토대가 되는 튜링기계Turing machine의 개념을 수학적 모델로 제안했다.[5] 그의 논문 「계산 가능한 수와 결정성 문제에의 응용」에서 수학자 힐베르트David Hilbert의 결정성 문제decision problem를 해결하기 위해 제안한 튜링기계는 일정한 규칙에 따라 긴 테이프에 쓰여 있는 여러 가지 기호들을 바꿀 수 있는 추상적 기계다. 이 추상적 기계는 수학적 알고리즘을 수행할 수 있는 컴퓨터 CPU의 기능을 설명할 수 있다. 이 튜링

5 A. M. Turing (1936), "On Computable Numbers, with an Application to the Entscheidungs Problem", *Proceedings of the London Mathematical Society* (2nd Series), 42: 230-265. 한편 튜링은 다트머스 콘퍼런스가 개최되기 2년 전인 1954년에 청산가리가 든 사과를 물고 자살했다. 스티브 잡스가 세운 애플사의 로고가 튜링의 독이 든 사과를 형상화했다는 설도 있다.

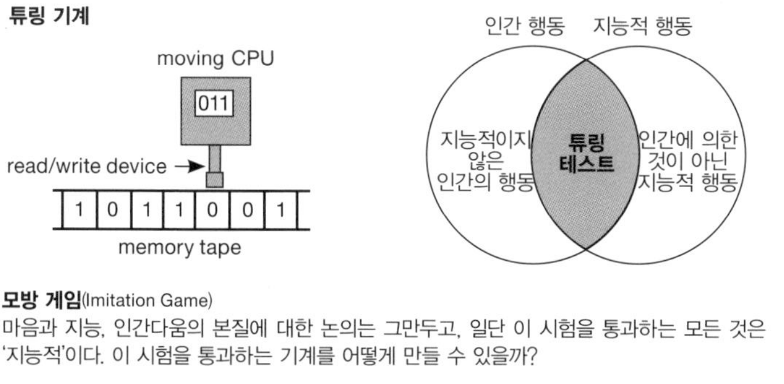

〈그림 2〉 튜링기계와 튜링 테스트

출처: Gams (2004), p. 2; Gillingham (2007) 참조.

기계 개념을 기반으로 폰 노이만John von Neumann 등은 20세기 최초의 컴퓨터라 할 수 있는 ENIAC과 EDVAC의 설계도를 작성했고 CPU, 메모리, 프로그램 구조를 포함하는 디지털 컴퓨터의 기본 구조를 제안했다. 튜링기계의 개념을 통해 '지능intelligence'의 개념은 경험과학의 탐구 대상이 될 뿐만 아니라 수학적으로 추상화abstraction할 수 있고 이를 공학적으로 기계에 설계하고 구현할 수 있게 되었다. 한편 튜링 테스트[6]가 던지는 질문은 다음과 같다. "마음과 지능, '인간다움'의 본질에 대한 논의는 그만두고, 일

6 '모방 게임'이라고 알려진 튜링 테스트는 비교적 간단한 단어들로 나열된 자연 언어로 된 질문을 던지고 그에 대한 답을 사람이 한 것인지 컴퓨터가 한 것인지를 구분하는 것인데, 답이 그럴듯해서 구분이 안 된다면 답을 제시한 컴퓨터 알고리즘은 테스트를 통과해서 지능적이라 할 수 있다.

단 이 시험을 통과하는 모든 것은 '지능적'이다. 이 시험을 통과하는 기계를 어떻게 만들 수 있을까?" 튜링은 인간만이 가지고 있다고 여겨 온 지능의 영역인 논리적 연산의 기능을 컴퓨터에 구현할 수 있는 문을 열었고, 학문의 한 분야로서 인공지능이 태어나게끔 하는 결정적 역할을 했다(그림 2 참조).

1980년대에 철학자 존 설John Searle[7]은 기계의 인공지능 여부를 판별할 수 있는 튜링 테스트의 철학적 사고실험 버전인 '중국어 방 논쟁Chinese room argument'을 통해 지능이란 무엇인가에 대한 근본적인 질문을 던졌다(그림 3). '강인공지능strong AI'과 '약인공지능weak AI'을 구분한 것으로 유명한 설의 이 논쟁은 다음과 같다. 내부가 안 보이고 작은 창을 통해 종이에 쓴 글을 주고받으며 밖과 소통할 수 있는 어떤 방 안에 영어만 할 줄 아는 사람이 앉아 있다. 그 방에는 필기도구와 영어로 쓰인 책이 있다. 그 책에는 중국어로 받은 질문과 그에 대한 중국어 대답이 매칭된 목록이 있다. 이 사람은 중국어를 이해하지 못해도 영어책에 쓰여 있는 대로 중국어로 된 답을 찾아서 줄 수 있다. 튜링 테스트에 의하면 그 방 안에 누가 있는지 몰라도 질문에 대한 답변이 그럴듯해서 답을 주는 행위가 지능적인지 판단하는 데는 아무런 문제가 없다. 설사 정답을 준 것이 기계라고 해도 그 기계는 지능을 가지고

7 언어행위speech acts 이론으로 유명한 미국 철학자로서 '강인공지능'의 가능성에 대해 회의적 견해를 가졌지만 그의 이론은 현대의 대화로봇과 ACLAgent Communication Language의 발전에 큰 공헌을 했다.

"피험자가 정말 중국어를 이해하여 질문에 대한 답변을 도출하고 있는지 판단할 수 있는가?"

귀류법
- 약인공지능: 상징 및 기호를 따라하거나 구사함
- 강인공지능: 언어를 이해함

만약 강인공지능일 경우,

1. 만약 강인공지능이 참이라면, 중국어를 처리하는 프로그램을 실행할 수 있는 모든 시스템은 중국어를 이해한다.
2. 나(시스템)는 중국어를 이해하지 않고도 중국어를 처리하는 프로그램을 실행할 수 있다.
3. 그러므로 강인공지능은 거짓이다.

〈그림 3〉 설의 중국어 방 논쟁

있다고 할 수 있다. 하지만 중국어 방 논쟁에서 설은 방 내부에 있는 사람은 전혀 중국어를 이해할 수 없고 그가 한 것은 영어로 된 지침instruction을 따라갔을 뿐이라고 한다. 즉 AI 기계나 중국어 방에 있는 사람은 단지 기호를 조작symbol manipulation했을 뿐이다. 그런 의미에서 AI 기계는 사람의 지능과 같은 강인공지능을 가질 수 없고, 매우 복잡한 계산을 한다고 해도 생명력을 가지고 있지 않은 화려한 조화artificial flower와 같이 약인공지능에 불과하다는 것이다. 그의 사고실험thought experiment에서 '중국어 방'은 컴퓨터 하드웨어, 방 안에 있는 사람은 소프트웨어, 중국어 질문은 입력, 답변은 출력, 그리고 영어로 된 지침서는 데이터베이스라 할 수 있다. 데이터베이스를 처리하는 프로그램은 단순히 프로그래머의 의도에 따라 처리만 할 뿐, 데이터에 대한 의미semantics를 이해할 수 없다는 것이다.

단어와 문장의 의미가 무엇인지, 그리고 의미를 처리하는 계산이라고 하는 것이 무엇인지, 마음의 특성을 어떻게 과학적으로 탐구할 것인지에 대한 철학적 논의는 훨씬 이전부터 존재했다. 이성을 강조한 17세기의 합리주의와 18세기의 계몽주의를 거치면서 근대의 과학기술 문명은 시작되었다. 과학과 기술이 결합하면서 산업혁명의 불길은 유럽 전역으로 퍼져 나갔다 19세기 들어 본격적으로 경험과학 중심의 사회로 진입하면서, 2,000년 이상 모든 사상의 영역에서 서양을 지배해 왔던 형이상학적 철학은 더이상 문명을 이끌어 가는 중심 역할을 할 수 없게 되었다. 과학의 인식 기준에 대한 새로운 원리를 제시한 논리실증주의logical positivism[8]는 형이상학을 인식적으로 무의미한 사이비 과학이라며 배제하고, 과학에서의 진리에 대한 인식의 기초가 되는 기준은 논리

8 비트겐슈타인Ludwig Wittgenstein, 러셀Bertrand Russell, 카르나프Rudolf Carnap 등이 주도한 비엔나 서클Vienne Circle을 중심으로 형성된 철학의 학파로서, 이들은 "모든 지식은 궁극적으로 감각 입력을 묘사하는 관찰문장observation statement과 그 문장에 쓰인 단어들의 의미를 분석하고, 실험이나 관찰을 통해 그 문장이 옳음을 증명하거나 거짓임을 드러낼 수 있다"고 했다. 명제에 대한 진위 판단은 분석적 방법과 종합적 방법이 있는데, 경험적 지식이 없어도 단어의 뜻과 단어 간의 관계를 통해 진위(정합성) 판단이 가능하고(분석적 방법), 과학의 가설과 같이 경험적 지식이 없으면 진위 판단을 할 수 없는 명제는 과학 실험(종합적 방법)을 통해 진위를 판단할 수 있다.

적 정합성과 경험적 검증 가능성verifiability이라고 주장했다. 논리적 정합성을 판단하기 위해서는 어떤 주장의 언어형식이나 논리형식이 그 언어체계에 정합하는지 살펴봐야 하는데 인간의 자연언어는 애매ambiguous하거나 모호vague[9]해서 과학적 언어로 사용하기에는 적합하지 않다고 주장했다. 또 논리실증주의는 인간의 생각 속에 표상되는 개념의 내용도 객관적이고 명확하게 표현할 수 있도록 형식화한 수학적 언어, 즉 자연어가 아닌 인공어artificial language가 필요하다고 주장했다. 이 시기에 수학의 한 분야인 형식 논리학formal logic에 대한 많은 연구가 이루어졌고 다양한 논리 언어체계들이 제안되었다. 19세기 논리학자들에 의해 발전된 일차술어논리First Order Predicate Logic[10]는 기호주의 AI 연구자들이 가장 많이 사용했던 Prolog란 AI 프로그램 언어의 모태가 되었다. 논리학이란 사람의 지식의 내용이나 추론의 과정을 객관적이고

9 '애매'는 단어나 문장의 의미가 두 개 이상일 경우, '모호'는 그 의미를 명확하게 알 수 없다는 뜻이다.

10 일차술어논리는 하나의 문장을 P, Q와 같이 표현하는 명제논리를 넘어서 한 단어의 개념을 개별개체individual object로 표현하고 변수에 한정사quantifier를 사용하여 자연어와 가까운 의미적 표현력을 높일 수 있도록 고안되었다. "If a farmer owns a donkey, then he beats it"이란 문장을 일차술어논리로 다음과 같이 표현할 수 있다. 일차술어논리로 표현된 문장들은 논리적 연산이 가능하므로 추론규칙으로 표현될 수도 있다.

- $(\forall x)(\forall y)((farmer(x) \wedge donkey(y) \wedge Owns(x,y)) \supset beats(x,y))$
- $(\forall x{:}farmer)(\forall y{:}donkey)(owns(x,y) \supset beats(x,y))$
- $\sim(\exists x)(\exists y)(farmer(x) \wedge donkey(y) \wedge owns(x,y) \wedge \sim beats(x,y))$

계산 가능한 방법으로 표현할 수 있는 수학 언어체계를 연구하는 분야다. 이런 의미에서 19세기 논리학자들은 다가오는 세기의 인공지능이라고 하는 새로운 분야의 토대를 세웠다.

19세기 또 하나의 물결은 경험과학으로서 실험 심리학experimental psychology의 탄생이다. 근대 심리학의 아버지로 일컬어지는 빌헬름 분트Wilhelm Wundt는 1879년 라이프치히 대학에 최초로 심리학 실험실을 개설했다. 그는 과학으로서 심리학은 객관적으로 측정될 수 없는 정신현상에 대한 철학적 담론에서 벗어나야 한다고 주장했다. 그의 실험실 연구는 측정 가능한 조작적 정의와 통계적 방법을 도입하여 감각, 주의, 기억과 같은 정신 과정을 객관적으로 측정하는 방법들을 고안했다. 객관적 관찰과 측정이 불가능한 주관적 의식과 마음의 문제는 심리학의 연구대상이 될 수 없다는 생각은 19세기 말에서 20세기 중반까지 이어지는 행동주의 심리학의 관점으로 자리잡았다. '지능'이라는 현상도 인간의 주관적인 정신현상이 아니라 객관적으로 다룰 수 있는 과학적 탐구의 대상일 수 있는 것이다.

주관적 마음의 문제를 다루는 철학적 사조나 분트와 같이 정신현상을 과학 탐구의 대상으로 삼았던 심리학자들 모두 그 당시 논리실증주의 철학자들에 의해 심리주의psychologism라고 비판을 받았다. 초기 인공지능 연구자들은 대부분 논리학을 기반으로 기호주의 AI의 전통을 세우게 되는데, '지능'을 객관화하는 데 심리학과 같은 경험과학에 의존하지 않고 형식 논리학적으로 추상화abstraction하는 방법을 도입했다. 심리학의 연구가 통계를 기반으로 연구된다고 하더라도 개인의 심리 현상을 설명하는 것에 불과하므로 지능의 과정을 컴퓨터에 구현하기 위해서는 이보다 객관적이고 보편적인 방법이 필요하기 때문이었다. 이후에 인공신경망과 같은 기계학습 AI 진영은 심리학이나 생리학의 영향을 받아서 통계학이나 확률적 방법으로 '지능'의 과정을 모델링하는 방법을 채택한다. 이런 점에서 학습기반의 AI는 기호적 접근symbolic approach이 아닌 확률에 기반한 수리적 접근numerical approach이라고 일컬어진다.

위에서 언급했듯이 AI 탄생의 주역들은 무모할 정도로 다양한 학문에 대해 열려 있었고, 특히 인간의 인지적 과정에 대해 깊이 있는 사유를 했다. 이들 중 GPSGeneral Problem Solver란 개념을 만든 허버트 사이먼Herbert Simon은 노벨경제학상을 받았을 뿐만 아니라 폰 노이만과 함께 최초로 디지털 컴퓨터의 구조를 설계한 것으로도 유명하며 심리학, 행정학, 경영학, 철학에서 큰 업적을 남겼다. GPS란 개념은 '알파고'같이 바둑이라는 특수한 문제만 잘 푸는 것이 아니라 사람의 지능과 같이 세상의 보편적인 문제를 해결하는 데 적용될 수 있는 일반지능을 의미한다. 알파고를 만든 구글의 '딥마인드'가 궁극적으로 원하는 것은 게임만 하는 기계가 아니라 GPS 같은 능력을 탑재한 알파고일 것이다. 알파고의 강력한 경쟁자인 IBM Watson은 미국의 유명 퀴즈 TV 프로그램에서 사람을 이기고 우승했는데 결국 GPS를 목표로 하고 있다. Watson은 여러 종류의 기계학습 알고리즘과 지식기반의 AI 기술을 결합한 하이브리드 시스템을 통해 의료와 법률 등 다양한 분야에서 인공지능 서비스를 추진하고 있다.

AI 탄생의 주역 중 또 다른 한 명인 클로드 섀넌Claude Shannon은 인공지능 연구보다 정보 이론의 창시자로서 더 유명한데, 그는 원래 미분해석기의 논리 회로를 연구하여 전자식 디지털 컴퓨터의 이론적 기반을 제공했다. 정보 이론의 관점에서 섀넌은 확률론을 이용하여 정보를 전송하는 가장 효율적인 방법을 연구하면서 '정보 엔트로피information entropy'의 개념을 창안했다.[11] 그의 정보 엔트로피 개념은 여러 기계학습 AI 알고리즘에서 사용되었고, 이를 자연어 처리NLP, Natural Language Processing에 적용하여 영어문장의 통계적 분석으로 영어 엔트로피의 최댓값과 최솟값을 계산했다. 정보 엔트로피의 개념은 물리학의 '엔트로피' 개념에서부터 도입되었는데, 일어날 사건의 확률이 낮을수록 불확실성은 높아지고 정보 엔트로피는 커진다. 예컨대 주사위 던지기와 동전 던지기를 비교했을 때 주사위 던지기에서 한 사건이 일어날 확률은 동전의 한 면이 나올 확률보다 작고 엔트로피는 크다. 엔트로피는 한 사건이 일어났을 때 얻을 것으로 기대되는 새로운 정보의 양과는 비례한다. 내일 아침에 해가 뜰 확률은 거의 1이기 때문에 이를 통해 얻을 수 있는 새로운 정보의 양은 거의 없고 엔트로피도 거의 0인데, 이는 자연의 질서를 통해 예측을 확실하게 할 수 있기 때문이다. 데이터의 패턴을 찾는 것을 목적

11 C. Shannon (1948), "A Mathematical Theory of Communication", *Bell System Technical Journal*, Vol. 27: 379-423, 623-656.

으로 하는 기계학습 알고리즘은 정보 엔트로피를 가장 효율적으로 낮출 수 있는 데이터 특질들features을 찾아내는 것이다.

기호주의와 연결주의

인공지능 학문의 탄생 주역 중 한 명인 민스키는 인공지능 연구의 큰 두 가지 서로 다른 줄기를 '기호주의symbolism'와 '연결주의connectionism'로 구분했다. 기호주의는 마치 우리의 기억 속에 지식을 넣어 두었다가 문제가 주어졌을 때 알고 있는 지식을 사용해 논리적 추론을 하는 것과 같은 인공지능 기계를 만드는 것이다. 기호란 단어나 문장을 표현하는 논리학이나 집합론에서의 단위다. 기호들이 순차적sequential 방식으로 연결된 것이 문장이고,[12] 사람의 생각은 문장들이 연결된 흐름이다.[13] 기호주의적 AI는 논리실증주의 전통의 철학과 수학에 영향을 받아, 컴퓨터가 처리할 수 있는 AI 언어로 지식표현과 추론 규칙을 만드는 연구 분야다. 의사와 같은 전문가의 지식과 의사결정을 AI가 대신할

12 논리 규칙에서는 단어나 문장의 의미가 연결되는 방식이 순차적이다. 앞서 1장에서 월드와이드웹은 웹의 문서들이 하이퍼링크로 연결되고, 시맨틱웹은 데이터 간의 의미적 연결과 확장이 그래프나 네트워크 방식으로 이루어질 수 있다는 것을 살펴보았다.

13 논리학에서 문장(statement나 sentence)이 참과 거짓을 판명할 수 있는 진리함수truth-function의 단위로 나타날 때 '명제proposition'라고 한다. '논리학logic'은 '사람의 사고를 이상적(수학적)으로 형식화한ideal form of thought' 수학의 한 분야로서 명제들 간의 관계와 추론 규칙을 다룬다.

수 있는 시스템을 만든다고 해서 지식기반의 접근법knowledge-based approach이라고도 한다. 연결주의는 사람이 새로운 것을 학습할 때 신경세포들 간의 연결이 재배열되고 강화된다는 사실을 모방해서 만든 기계학습이론과 방법론을 지칭한다. 사람의 의식에 드러나는 지식을 처리하는 것이 아니라 신경세포 간의 상호연결성을 확률이나 수의 값으로 계산한다는 의미에서 비기호적subsymbolic 혹은 수numerical 기반의 방법론이라고 한다. 연결주의는 지식의 처리보다는 새로운 것을 학습하는 데 가장 유용하게 활용되기 때문에 학습기반의 접근법learning-based approach이라고도 한다.

AI 기술은 사람의 사고 과정을 논리언어로 추상화하여 기계가 사람과 같은 지적 능력을 가질 수 있도록 하는 목적에서 탄생했다. 초기 AI 기술은 사람의 머릿속에 있는 지식을 기계가 처리할 수 있는 프로그램 언어로 표현하는 방법과 이를 통해 추론이라는 연산을 기계가 할 수 있도록 알고리즘을 만드는 것이었다. 1980년대 꽃을 피웠던 전문가 시스템expert system은 의사와 같은 전문가의 지식과 추론의 과정을 논리 언어로 잘 번역하는 것이었고, 당시에 지식공학자knowledge engineer는 이런 일을 하도록 훈련받았다. 예컨대 숙달된 전문가의 암묵지를 추출해서 일상의 언어나 도식으로 잘 개념화하고 이를 컴퓨터 언어로 다시 번역해야 한다. 앞서 언급했듯이 19세기 말 논리실증주의자들이 발전시킨 '일차술어논리'는 사람의 지식과 논리적 추론의 과정을 엄밀하게 표현할 때 사용될 수 있는 논리수학 언어체계다. 하지만 일차술어논리는 컴퓨터 언어로 활용되기에는 한계가 있었다. 1936년에 발표된 '처치의 정리Church's theorem'에 따르면, 일차술어논리는 결정 불가능하다undecidable. 이 정리는 양화quantified 이론의 방식으로 표기된 임의의 추론을 타당 또는 부당한 것으로 올바르게 분류하는 기계적 절차가 없다는 것을 말해 준다. 이러한 까닭에 추론 과정을 보다 효율적으로 만들기 위한 다양한 방법들이 제시되었다. 가장 성공적인 방법은 일반적인 일차술어논리에 비해 표현에 약간의 제약이 있지만 지식을 표현하는 데 가장 적합한 Prolog, LISP와 같은 컴퓨터 프로그램 언어를 개발하는 것이었다. 이들 전산언어는 1980-90년대 AI 기술의 산업화에 큰 역할을 했다.

지식기반 AI를 구현하는 데 가장 널리 활용되었던 규칙rule 기반 지식표현은 기본적으로 추론의 절차를 문장으로 순차적으로 나열하는 방식이다. 하지만 잘 훈련된 프로그래머에게도 AI가 풀어야 하는 복잡한 문제를 지식으로 모델링하여 논리적 언어로 프로그래밍하는 것은 매우 어려운 일이다. 따라서 문장 형식을 따르는 논리적 지식표현 방식보다 인지적cognitive 관점에서 좀 더 직관적이고 구조적structural인 지식표현 방법에 대한 연구가 활발히 진행되었다. 의미망semantic network과 프레임 기반의 언어가 그 대표적인 예다. 지식과 추론의 절차를 순차적으로 나열하는 것보다 지식을 그래프나 네트워크 형태로 구조화함으로써 복잡한 과학적 지식 간의 연결은 훨씬 더 용이해진다.

'의미망' 개념은 거슬러 올라가면 아리스토텔레스의 범주category에서부터 그 기원을 찾을 수 있으나, 전산학 혹은 인공지능 분야에 이것을 도입한 사람은 퀼리언M. R. Quillian이다. 1960년대에 이루어진 그의 선도적인 작업은 특히 심리학자들에게 많은 영향을 주어 지식이 실제로 사람의 장기 기억long-term memory 내에서 의미망의 형태로 저장되는지를 판단하기 위한 심리학 연구들이 발표되었다. 의미망은 대상들과 그것들의 속성들에 관한 분류학적 지식을 나타내는 그래프다.[14] 그래프의 정점vertex을 '노드node'라고 하는데, 분류학적 범주나 속성을 표현한다. 일반적으로 *n*항 관계를 나타내는 노드들과 대상 영역 내 구체적 대상들을 나타내는 노드들이다. 노드는 지식 속에 있는 객체object, 개념concepts, 사건events들을 표현하는 의미의 단위다. 의미망에서는 간선edge을 보통 '아크arc'라 하는데 개체 노드 간의 관계를 표현하는 것이다. 사람의 머릿속에 있는 지식을 완벽하게 표현할 수는 없지만, 컴퓨터가 효율적으로 처리할 수 있는 구조를 그래프 형태로 표현한 최초의 시도라 하겠다. 개념을 구조화하고 개념들 간의 연결을 그래프 형태로 구축하는 방법론은 이후에 관계형 DB, 객체지향 DB, 그래프 DB 기술에 영향을 주었다. 지식을 이루는 하나의 개념이 다른 개념들과 연결되어 표현된다면 지식의 무한한 확장도 가능하게 될 것이다. 데이터에 담긴 의미의 '표현력

14 의미망 이론은 지식이나 데이터의 의미를 그래프 형태로 표현하는 최초의 시도다. 관계형 데이터베이스의 모델과 시맨틱웹의 RDF 모델에도 영향을 주었다. 논리 기반의 순차적 지식표현 방법은 다양하게 지식을 표현할 수 있고 복잡한 추론 알고리즘을 컴퓨터에 구현할 수 있지만, 그래프 구조의 지식표현 방식에 비해 효율성과 확장성이 떨어진다.

expresiveness', 데이터 간 연결의 '확장 가능성scalability', '데이터 검색의 효율성tractability'은 DB 기술에서 가장 중요하게 다루는 요소들이다. 이들 기술 요소를 모두 만족시키기는 힘들지만, 이들을 고려한 데이터 표현 구조에 대한 연구는 나날이 발전하고 있다. 데이터웹 표준언어인 RDF는 웹에 공개되고 있는 데이터 공간들을 매우 성공적으로 이어 주고 있다. 데이터의 초연결성은 다양한 분야의 데이터 공간들이 서로 연결됨으로써 지식의 자기조직화가 일어날 수 있는 상태를 의미한다.

위에서 지식의 표현과 추론을 위한 논리학 기반의 AI 기술의 비효율성에 대해 언급했다. 즉, 논리적 구조는 사람의 언어와 마찬가지로 기호들의 순차적 나열로 되어 있어 처리의 속도가 매우 떨어진다. 이런 문제를 극복하면서 사람의 지식구조를 보다 구조적으로 표현할 수 있는 방법으로 제안된 의미망과 프레임 구조에 대해서도 살펴보았다. 구조적 접근의 지식표현 기술은 지식을 구성하는 더 작은 단위인 '개념'을 기계가 어떻게 효율적으로 처리할 수 있을까 하는 고민에서 출발했다. 19세기 일차술어논리가 개발되기 훨씬 이전인 기원전 4, 5세기의 그리스 철학자들은 인간의 지식에 대한 근본적 사유를 했다. 아리스토텔레스의 인식론과 논리학은 오늘날 여러 학문 분야에서 자연스럽게 쓰이는 용어와 개념들의 뿌리가 된다. 우리가 일상에서 사용하는 단어들은 머릿속에 있는 개념을 전달하는 수단이다. 개념은 단어와 그 단어가 지칭하는 사물 사이의 연결에 대한 표상으로서 머릿속에 있는 그 단어의 의미 내용이다. 아리스토텔레스로부터 시작된 용어들을 개념화하는 연구는 오늘날 컴퓨터 분야에서 온톨로지ontology라는 이름으로 이어지고 있다. 온톨로지 기술은 의학, 자연과학 분야뿐만 아니라 여러 산업 분야에서 쓰이는 용어들을 컴퓨터가 처리할 수 있도록 하고, 여러 데이터베이스를 통합할 수 있는 기술로 널리 활용되고 있다. 데이터베이스에 담겨 있는 각종 용어와 데이터 항목들의 의미를 컴퓨터가 처리할 수 있는 방식으로 표현할 수 있다면 데이터는 곧 AI가 지식으로 저장할 수 있고 추론할 수 있는 재료가 된다.

최근 인공지능과 빅데이터 기술이 결합되면서 AI 엔진이 처리하는 지식의 공간을 전 세계에 있는 웹의 자원으로 확대할 수 있는 시대가 되었다. 이전 장에서 언급했듯이 월드와이드웹을 주창한 팀 버너스리는 웹이라는 거대한 글로벌 정보공간에 있는 모든 정보자원들을 의미 수준에서 연결하겠다는 비전을 시맨틱웹이라는 이름으로 현실화했다. 시맨틱웹은 AI 기술은 아니지만 웹에 있는 모든 정보자원들을 AI가 사용할 수 있게끔 구조화한다는 의미에서 'AI 라는 자동차가 달릴 수 있는 고속도로를 건설하는 기술'이라 할 수 있다. 웹 문서에서 사용되는 개념들 사이의 의미적 연관성을 추출하고 표현하고 저장하는 기술로서 온톨로지 공학은 시맨틱웹을 구현하는 데 중요한 요소다. 4장에서 온톨로지 기술과 시맨틱웹의 다른 이름인 지식그래프 기술이 과학 분야에서 빅데이터 플랫폼 기술로 어떻게 활용되고 있는지에 대해서 살펴볼 것이다.

'퍼셉트론perceptron'이라는 초기 인공신경망에서부터 출발한 연결주의는 AI기계학습의 다양한 방법론을 지칭하는 용어다. 전통적인 기호주의는 추론규칙과 같은 순차적인 프로그램 명령 리스트를 수행하는 방식의 AI 기계를 구현하는 것이었다. 뛰어난 연산 능력을 기반으로 매우 복잡하고 방대한 분량의 명령을 아주 짧은 시간 내에 수행할 수 있지만, 지시받은 명령이 불완전한 경우(예컨대 100개의 명령이 하달되었어야 했지만 1개의 명령이 누락되었을 때), 기계는 때때로 예기치 못한 치명적인 오류를 발생시킬 수 있다. 프로그래머는 컴퓨터가 수행할 사항에 대해 상세하고 명확하게 인지하고 있어야 하며, 이를 한 줄의 오류 없이 프로그램이라는 명령 집합으로 작성할 수 있어야 한다. 프로그램은 컴퓨터가 받아서 처리할 입력값의 모든 가능한 경우를 반영하여 이에 맞게 처리할 수 있어야 한다. 그러나 인간은 언제든지 실수를 저지를 수 있는 불완전한 존재이므로 일정 수준 이상의 복잡도를 갖는 프로그램 내에 오류가 포함되는 것은 극히 자연스러운 현상이라 할 수 있다. 불완전한 존재인 인간이 지시한 명령을 수행하는 수동적 존재에 머물지 않고, 다양한 경험을 통해 스스로 학습하고 자신의 역량을 고도화하여 주어진 업무를 수행할 수 있는 역량을 가진 기계를 '학습 가능한 기계' 라고 한다.

2016년 이세돌 9단과 알파고의 바둑 대결 이후 알파고의 기반 기술인 '딥러닝deep learning' 및 '심층신경망deep neural network'은 기계학습을 대중에게 알리는 도화선이 되었다. 인공신경망 기술은 1세대 퍼셉트론, 2세대 다층 퍼셉트론, 3세대 심층신경망으로 진화했다. 이들 3대 기계학습 알고리즘들은 사례(데이터) 경험을

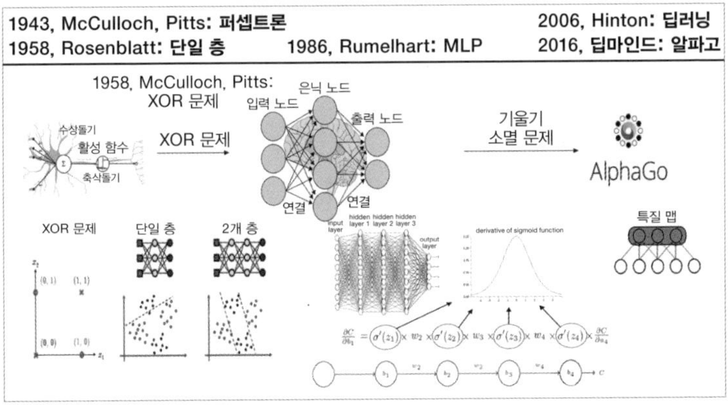

〈그림 4〉 인공신경망의 진화

통해 스스로 학습하여 역량(패턴)을 계발한다는 공통점을 가진다. 퍼셉트론은 선형적으로 두 개의 집단을 패턴 학습을 통해 구분하는 데 매우 효율적이었지만 두 개의 집단이 선형적으로 구분되지 않는 문제를 해결할 수 없다는 한계 때문에 비판을 받았다. 심층신경망은 노드와 레이어의 수를 획기적으로 늘림으로써 집단 간 매우 복잡한 특질들의 미세한 차이에 대한 패턴을 찾아 줄 수 있을 뿐만 아니라 복잡한 비선형적 분류에 대한 문제를 풀 수 있게 되었다. 이는 컴퓨터 하드웨어의 발전과 함께 이루어진 성과라 할 수 있다.[15]

15 인공신경망에서 노드들 간의 연결은 데이터의 특질feature을 나타내는 각 노드가 그다음 레이어에 있는 노드의 특질에 영향을 주는 정도를 가중치로 나타낸다. 이런 점에서 기호주의와 연결주의에서 '연결성'이 가지는 의미는 매우 다르다.

기계학습에 대한 간단한 분류 문제의 예를 살펴보자. 〈그림 5〉에 등장하는 각 점은 좌표 평면에 표현된 환자를 나타내며, 검은색 점은 암 진단을 받은 환자, 그리고 흰색 점은 정상이라 진단받은 환자라고 가정하자. 1세대 인공신경망인 퍼셉트론은 좌표 평면에 존재하는 무수히 많은 직선 중, 환자 기록지를 학습하여 암 환자 그룹과 건강한 그룹을 구분 지을 수 있는 직선(패턴)을 도출해 낸다. 도출된 직선은 향후 병원을 방문한 외래 환자를 좌표 평면에 점으로 표시한 후, 직선의 상단에 환자가 위치한 경우는 암, 하단에 위치한 경우는 정상이라는 판단을 내리는 방식으로 환자 진단 업무를 수행한다. 만약 퍼셉트론의 진단 정확도가 인간 의사의 그것과 큰 차이가 없다면 인공지능 의사를 신뢰할 수 있을 것이다. 이와 같은 이유로 1957년 퍼셉트론이 처음 소개되었을 때 인류는 열광했으며, 거대 자본이 기계학습 분야로 유입되었다. 그러나 기계학습의 봄날은 인공지능의 역사를 설명할 때 언급했듯이 퍼셉트론이라는 기계학습 알고리즘이 도저히 풀 수 없는 문제를 민스키가 간파하면서 한계에 부딪히게 되었다. 〈그림 4〉에 있는 XORExclusive OR 문제가 그것인데, 2개의 계층으로 이루어진 퍼셉트론이 진릿값 함수인 AND와 OR로 분류를 위한 선형linear 라인을 정의할 수는 있지만 비선형적 특성을 가진 XOR 문제는 풀 수 없다는 것이다. 이러한 XOR 문제를 해결하기 위해 인공신경망에 새로운 계층인 은닉층hidden layer이 추가되고 역전파back propagation 알고리즘이 제안되었다.

다중 퍼셉트론의 데이터 분류에 관한 문제를 〈그림 5〉로 설

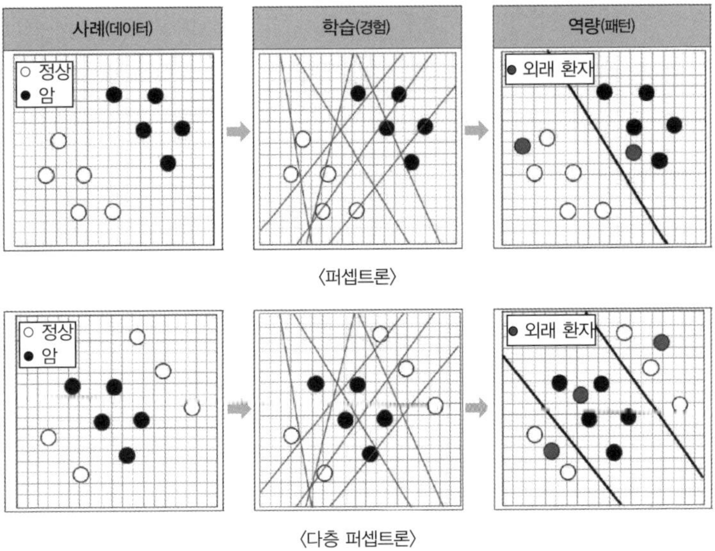

〈그림 5〉 퍼셉트론과 다층 퍼셉트론

명하자면 다음과 같다. 그림의 두 번째 줄에서 암 환자 그룹과 건강한 그룹으로 완벽하게 구분하는 직선은 존재하지 않으며, 이는 퍼셉트론이 유능한 AI 의사가 될 수 없음을 의미한다. 이로 인해 기계학습은 급격한 쇠퇴기에 접어들게 되고, 사람들은 이 시기를 '인공지능의 겨울AI winter'이라고 부른다. 그러나 직선을 1개만 사용할 수 있다는 고정관념을 무너뜨리고 아래 우측 그림에 등장하는 2개의 직선을 찾을 수 있다면 주어진 점들을 결정 규칙decision rule을 통해 두 개의 그룹으로 완벽하게 나눌 수 있다. 이때 하나의 직선은 하나의 퍼셉트론에 해당하므로, 〈그림 5〉의 아래 줄과 같이 동작하는 기계학습 알고리즘을 다층 퍼셉트론이라 부른다.

다층 퍼셉트론은 그 이름에서 유추할 수 있는 바와 같이 퍼셉트론 묶음을 여러 층(은닉층)으로 결합한 형태로 구성되어 있다. 다층 퍼셉트론은 다수의 은닉층을 활용하여 어떠한 형태의 분포를 띠는 데이터에 대해서도 이론적으로는 이를 완벽하게 구분할 수 있다. 심층신경망은 일반적으로 5개 이상의 은닉층으로 구성된 신경망을 일컫는다. 그러나 층의 개수가 늘어날수록(층이 깊어질수록) 학습 과정에서 '기울기 소실 문제vanishing gradient problem'로 인해 학습이 안 될 수도 있다. 학습을 위한 사례(재료)가 부족한 경우에도 학습은 안 된다. 즉 학습을 위한 데이터셋은 기계학습에 있어서 필수 요소인데 최근에는 알고리즘에 대한 연구개발뿐만 아니라 양질의 데이터셋을 확보하는 것에 대한 필요성을 인식하게 되었다. 〈그림 5〉에서 의사는 단 10명의 환자로부터 데이터의 패턴을 찾고 환자를 두 개의 직선으로 분류했지만, AI 기계는 엄청난 양의 데이터를 통해서 주어진 의학지식이 없는 상태로 학습을 한다. 주어진 데이터의 분포가 복잡하고 은닉층이 깊어질수록 수행해야 하는 연산의 횟수는 기하급수적으로 증가한다. 이는 높은 성능의 하드웨어와 시스템 소프트웨어가 필수적임을 의미한다. 결국 다양한 분야에서의 심층신경망의 성공적인 활약은 (1) 기울기 소실 문제를 완화할 수 있는 학문적인 진보, (2) 스마트폰 보급 등으로 인한 손쉬운 데이터 생성 환경, (3) 대용량 데이터처리 기술의 성장 그리고 (4) 하드웨어 기술의 발달에 기인한 것이라 할 수 있다.

복잡계의 진화

최근 복잡계complex system 이론을 기반으로 시스템의 창발적 특성에 대한 연구가 공학을 비롯한 다양한 분야에서 이루어지고 있다. 창발성은 복잡계[16]가 가지고 있는 적응성adaptivity, 견고성robustness, 자기수정self-repair 기전을 설명하기 위한 핵심적 개념이다. 생명체에서의 창발적 특성은 일반적으로 자율성, 유연성, 견고성과 같은 긍정적 측면을 내포하고 있지만 인공물(복잡한 기계)에서 창발성은 흔히 예측하지 못한 결과(예컨대, 발전소의 블랙아웃)를 초래할 수 있으므로 피해야 하는 특성으로 인식될 수도 있다. 이런 이유로 복잡한 기계를 설계할 때 설계자는 가능한 모든 컴포넌트들 간의 기능적 관계도를 빠짐없이 설계도에 반영하려 한다. 하지만 매우 복잡한 인공물의 설계에서 모든 구성요소의 기능을 이해한다고 해도 전체 시스템의 행동을 제어할 수 없고, 간혹 창발적 특성 중 스스로 고장을 진단하고 수리하는 적응적 기능도 있을 수 있다. 이는 기계론이나 환원주의에 기반한 인과적 설명으로 현상에 대한 진단을 할 수 없다는 것을 의미한다. 복잡계가 가지고

16 모든 생명체는 복잡계에 속한다. 또한 인공적으로 만든 자동차와 같은 기계도 부속품들이 결합된 하위 시스템들이 모여 더 큰 시스템을 이루고 있다는 점에서 복잡계다. 복잡계는 여러 개의 시스템들이 상호작용하면서 더 큰 전체를 구성한다. 즉, 하위 시스템들 간의 상호작용이 복잡하고 창발적 특성이 있는 모든 시스템은 복잡계에 속한다. 복잡계는 이전의 시스템 관점에서 해석할 수 있는 연결성을 넘어서 여러 시스템들 간 복잡한 상호작용을 의미하는 초연결적 특성을 갖고 있다.

있는 중요한 특성인 초연결성에 대한 새로운 과학적 연구방법론이 필요한 이유다.

전체와 부분 간의 기능적 인과관계를 진화적 관점에서 설명할 때 중요한 개념이 모듈성modularity이다. 모든 생명체는 복잡한 시스템으로 이해된다. 마찬가지로 첨단기술로 제작된 대부분의 인공물도 복잡계다. 앞서 언급했듯이 전체를 구성하는 부분의 수가 많을수록 부분들 간의 연결 수는 기하급수적으로 증가하고, 이에 따라 시스템의 복잡성도 증가하게 된다. 모든 부분들을 연결하여 하나의 통합된integrated 전체로 만드는 것은 복잡성이 높은 시스템일수록 비용이 높기 때문에 일정하게 구분된 모듈(module 혹은 subsystem)들을 연결하여 전체 시스템을 구성할 수 있다. 각 모듈도 시스템이므로 모듈 내 부분들 간은 강하게 연결되어 있지만, 모듈들 간은 느슨하게 연결되어 전체를 구성할 수 있으며 각 모듈의 기능은 독립적이고 모듈 간 기능의 상호작용도 최소한이다.

사이먼[17]은 모듈성을 가지는 복잡계의 진화 속도가 빠른 현상을 발견하고 이를 '부분적 분해가능성near-decomposability'의 개념으로 설명한다. 그에 따르면 부분적 분해가능성은 짧게 보면 복잡계를 구성하는 각 모듈은 다른 모듈들의 행동에 거의 영향을 받지 않고 독립적이지만, 장기적으로 봤을 때, 그리고 전체적으로 봤을 때 각 모듈은 다른 모듈들의 행동에 영향을 받는다는 특성

---

17 H. Simon (2002), "Near Decomposability and the Speed of Evolution", *Industrial and Corporate Change*, 11(3): 587-599.

을 말한다. 진화 과정은 유전체genome와 환경의 적합도fitness 함수, 즉 F(G,E)로 표현될 수 있는데, 끊임없는 환경의 변화에 대응하기 위해 효율적으로 에너지를 사용할 수 있는 가장 적합한 시스템의 구조적 특성이 부분적 분해가능성이다. 시스템 제작에서 모듈성이 어떻게 환경에 효율적으로 대응할 수 있는지를 이해하기 위해 시계 제작자의 비유를 들어 보자. 두 명의 시계 제작자 A와 B가 있다고 하자. A는 100개의 부속을 처음부터 하나로 연결하는 방식으로 시계를 만들고, B는 각각 10개의 부속을 연결해서 10개의 모듈을 먼저 만들고 이를 조립하는 방식으로 시계를 만든다고 하자. 두 사람이 시계를 만들고 있는데 자꾸 전화가 와서 일에 방해를 받는다고 했을 때, 첫 번째 사람은 만드는 순서를 잊어버릴 수 있지만 두 번째 사람은 10개의 순서만 기억하면 되니 훨씬 효율적으로 일을 마칠 수 있다. 전체적으로 보면 두 번째 사람의 일이 첫 번째 사람보다 최소 10개의 프로세스를 더 포함하고 있지만 환경에 대응하는 에너지 사용의 효율성은 높고 부속의 재사용성도 그만큼 높아진다.

바라바시Albert-László Barabási는 복잡계를 네트워크의 관점에서 설명한다.[18] 즉, 시스템을 구성하는 부분node들과 이들 간의 상호작용edge을 네트워크로 표현하여 전체 시스템의 복잡한 특성을

18 A. Barabási and Z. Oltvai (2004), "Network Biology: Understanding the Cell's Functional Organization", *Nature Reviews Genetics*, 5: 101-113.

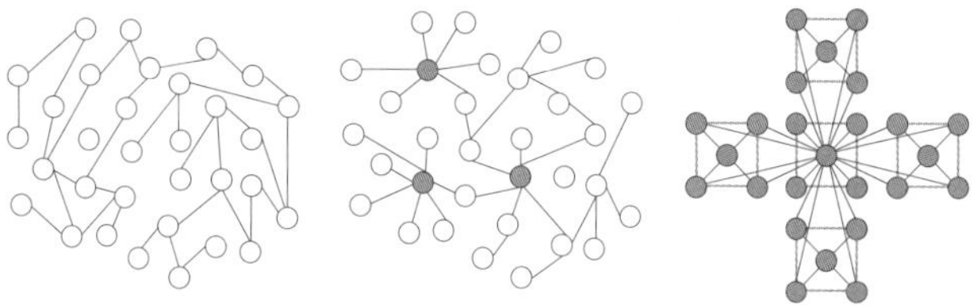

〈그림 6〉 복잡계의 네트워크 구조

여러 방식으로 분석할 수 있다. 생명체나 월드와이드웹과 같은 기술기반의 (인공물) 네트워크는 사람들로 이루어진 사회적 네트워크와는 다른 특성을 가지고 있다. 사회적 네트워크는 각 노드에 연결된 노드들의 수가 정규분포인 '무작위 네트워크random network'다. 사회적 관계가 아주 많은 사람의 수와 외톨이인 사람의 수는 양극에 있고 대부분은 어느 정도의 관계성을 갖고 있다. 항상성 네트워크나 단백질 네트워크와 같은 유기체 내의 네트워크, 그리고 기술기반의 네트워크에서는 '무척도scale-free 네트워크' 구조를 보여 준다. 무척도 네트워크의 특징은 멱함수 분포power-law degree distribution로 나타낼 수 있는데, 연결의 수가 아주 많은 허브의 역할을 하는 노드는 극소수이고 나머지는 연결의 수가 매우 작은 네트워크 구조다. 〈그림 6〉에서 보여 주듯이 복잡계에서는 무척도 네트워크가 모여 모듈화되면서 위계적 구조가 만들어지는데, 이 또한 무척도 네트워크의 일종이다.

진화를 무척도 네트워크의 관점에서 두 가지 과정으로 설명할 수 있다. 첫째, 네트워크에서 노드의 수와 연결의 수는 시간이 흐르면서 증가하고 복잡성은 높아진다. 이것을 네트워크의 성장growth 과정이라 부른다. 두 번째는 우호적 연결preferential attachment이라고 불리는데, 허브의 역할을 하는 노드는 다른 노드들에 비해 연결의 수가 훨씬 더 많이 늘어날 수 있다. 예를 들어 단백질은 자기복제를 하는데, 복제된 단백질은 같은 종류의 단백질과 상호작용하게 된다. 즉 허브 역할을 하는 단백질은 기존에 상호작용하는 단백질의 수가 많으므로 그만큼 복제를 통해 연결될 단백질의 수도 더 많아진다는 뜻이다. 이를 인공물의 진화에 적용해 보면 기술의 발전 속도가 빨라질수록 기능을 구현하는 모듈도 더 고도화되는데, 하나의 진화된 기능은 그만큼 진화의 속도도 빠르고 핵심 부속이 차지하는 역할도 커진다.

인공물의 경우와 달리 생명체에서 모듈성은 구조적 모듈성과 기능적 모듈성으로 구분된다. 구조적 모듈성이란 형태학적으로 한 기관의 기능을 구성하는 컴포넌트들은 같은 위치에 있어서 서로 신호를 전달하면서 기능적 연결을 이룬다는 의미다. 생명체에서 대부분 하위 시스템이 이루는 모듈성은 구조적(혹은 해부학적) 관점에서 이해할 수 있다. 하지만 생명체는 대사metabolic pathway에 관여하는 단백질들이 반드시 같은 곳에 모여 있지는 않기 때문에 기능적으로만 모듈성을 가지고 있다고 할 수 있다. 그런 점에서 사이먼의 부분적 분해가능성 개념은 생명체의 기능적 모듈성을 잘 설명하지는 못한다. 인공물에 있어 구조적 모듈성은 부속품을 대체하고 재조립할 수 있는 가능성을 높이면서 전체 설계의 공간을 효율적으로 관리할 수 있다는 점에서 진화가능성evolvability을 높여 준다.[19] 하지만 인공물에 따라서 모듈성이 반드시 진화가능성을 보장한다고 볼 수는 없다. 예컨대 오픈소스 프로젝트로 진행되는 모듈화가 잘 된 형태의 소프트웨어 플랫폼 기술이, 종종 시장의 요구에 신속하게 대응하지 못해 회사가(혹은 개인이) 독자적으로 개발한 응용프로그램에 뒤처지는 경우를 볼 수 있다.

복잡계와 지능

생명체와 인공물 간의 근본적인 차이에 대한 수많은 철학적·과학적 논쟁이 있었지만 합치된 이론을 도출하는 데 어려움이 있다. 그중에서 마투라나와 바렐라가 제시한 '자기생성autopoiesis, self-making' 개념은 매우 흥미롭다.[20] 자기생성 개념을 이해하기 위해 복잡한 시스템인 생명체가 가지고 있는 두 가지 특성을 이해할 필요가 있다. 즉 생명체는 세포나 몸과 같은 물리적 경계를 가지고 외부의 환경과 분리되어 있다. 그리고 그 경계 내에서 화학적 특성을 가지는 대사 네트워크에 의해 자기 자신을 안정적으로 유지한다. 생명체의 경계는 내부로 유입되는 물질과 외부로 유출되는 물질을 선택적으로 여과하고, 유입되는 물질은 생명체 내의

---

19 U. Krohs (2009), "The Cost of Modularity", in U. Krohs and P. Kroes (Eds.), *Functions in Biological and Artificial Worlds*, Cambridge, MA: MIT Press, pp. 259-276.

20 H. Maturana and F. Varela (1980), *Autopoiesis and Cognition*, Dordrecht: D. Reidel.

대사과정을 통해 자기 조직의 일부로 생성된다. 여과를 통해 외부환경으로부터 유입되는 물질은 대사과정을 통해 생명체 내부의 화학적 특성을 갖는다. 예컨대 우리가 먹는 음식은 대사과정을 거쳐 우리 몸의 일부가 되지만, 자동차 안으로 벽돌을 가지고 탔을 때 벽돌은 자동차의 대사과정을 통해 자동차의 일부가 되지는 않는다. 그리고 하나의 생명체를 구성하는 물질의 개별적 특성보다는, 대사과정 전체 네트워크가 자기생성의 프로세스에 관여한다. 세포의 복제에 있어서도 유전자만을 전달하는 것이 아니라 세포막, 세포기관 등 세포 네트워크 전체가 전달된다. 자기생성의 개념은 시스템 내부의 전체 네트워크 구조를 스스로 유지하고 조직화한다고 해서 '자기조직화self-organization' 개념과도 통한다.

자기생성 개념을 뒷받침하는 물리학적 이론으로 프리고진Ilya Prigogine이 제시한 '산일구조론theory of dissipative structure'이 있다.[21] '산일'이란 용어는 흩어져서 일부가 빠져 없어진다는 뜻이므로 '산일구조'란 흩어진 일부가 만든 구조를 의미한다. 열역학 제2법칙에 따르면 자연계는 엔트로피가 점점 증가하게 된다. 즉, 엔트로피가 클수록 무질서하기 때문에 에너지의 사용에 따라 자연계는 질서에서 무질서의 방향으로 향한다. 하지만 산일구조론은 이런 법칙과 반대로 무질서한 입자들이 어느 한순간에 단합하여 질서를 만들어 낼 수는 없지만, 전체 중에서 일부 입자들은 우연적으

21 I. Prigogine and I. Stengers (1984), *Order out of Chaos*, San Francisco: Freeman.

로 질서를 만들어 내는 상황에 있을 수 있다는 것이다. 무질서 속에서 어떤 새로운 질서가 만들어질 가능성을 '섭동perturbation'이라고 부른다. 에너지의 흐름이 증가할 때 복잡한 시스템에서는 '분기점bifurcation point'이라고 알려진 불안정한 상태에 이를 수 있는데, 이때 시스템은 새로운 구조와 새로운 형태의 질서가 만들어지면서 완전히 새로운 상태로 변화될 수 있다. 자기조직화는 외부환경과 끊임없이 상호작용하는 열린 시스템 내의 전체 네트워크에서 일어나는 반응을 통해 새로운 질서가 창발되는 것을 의미한다. 시스템 내에 생긴 새로운 작은 질서는 주변의 구성요소에 영향을 미칠 수 있고, 질서는 연쇄적이며 순차적으로 전체 시스템에 영향을 줄 수 있다. 일정 조건하에서 전체는 이런 작은 변화를 강화하는 쪽으로 진행될 수 있기 때문에 자기조직화는 정적positive 피드백에 의한 것이다. 이처럼 생명체의 탄생과 진화는 새로운 질서가 만들어지는 자기조직화의 과정이라 할 수 있다.

생명체와 인공물에 대한 근본적 차이를 얘기하면서 마투라나와 바렐라는 '구조적 결합structural coupling'이란 개념을 제시했다. 예를 들어 길을 걷다가 돌을 발로 찼다고 하자. 그 돌은 날아갈 것이고 그 돌에 맞은 자동차의 유리는 깨질 것이다. 돌이 날아가는 방향과 유리가 어떤 식으로 깨졌는지에 대해 뉴턴 역학으로 계산할 수 있고, 이 사건에 대한 선형적 인과관계를 충분히 설명할 수 있다. 하지만 그 돌을 지나가는 개가 맞았다면 개의 몸에 생긴 상처의 정도를 예측할 수는 있어도 개의 반응을 정확히 예측할 수는 없을 것이다. 왜냐하면 개의 신체적 조직은 비선형적 패턴에 따라 구조의 변화가 일어나므로 개의 반응은 뉴턴 역학에 의해 결정되지 않기 때문이다. 구조적 결합이란 외부환경의 어떤 특정 상태에 생명체가 반복해서 노출됨으로써 환경과 유기체 간에 구조적으로 연결되는 것을 의미한다. 반복되는 외부의 자극은 시스템 내부의 구조적 변화를 일으킨다는 뜻이다. 적응과 학습은 환경과 생명체 간 반복되는 상호작용을 통해 신경계나 몸의 다른 부분의 구조적 변화를 일으키는데, 이를 환경과 생명체 간의 구조적 결합이라고 한다. 한 시점의 생명체 내부의 구조변화는 생명체의 구조변화들의 역사, 즉 이전 단계에 있었던 환경과의 상호작용 기록들을 통해 정해지는 것이다. 삶의 역사가 개체마다 다르기 때문에 각 개체는 구조변화의 연쇄적 경로를 통해 자기만의 고유한 경로를 형성하게 된다. 현 시점에서 일어나는 구조적 변화는 그 이전 시점에서 일어난 구조적 변화에 영향을 받기 때문에 환경과의 구조적 결합을 선형적 인과관계로는 설명할 수 없다. 마투라나와 바렐라에 의하면 구조적 결합을 통해 구조가 결정된다 해도 현 시점에서 외부의 자극에 생명체가 어떤 행동적 반응을 보일지는 예측할 수 없다. 이는 생명체의 행동에 대한 자유의지와 결정론을 뚜렷하게 구분할 수 없는 이유다.

마투라나와 바렐라는 모든 생명체는 사람에게 있는 의식 수준의 '생각'이 있다고 할 수는 없겠지만 인지cognition의 기능은 있다고 한다. 이들에게 인지는 한마디로 생명체가 환경과 끊임없이 상호작용하는 생명활동의 과정이고, 앎의 과정process of knowing이다. 자기조직화와 섭동이 일어나는 모든 생명의 활동이 인지 과정이라 할 수 있는데, 이는 구조적 결합이 학습이라는 개념과 연결될 수 있기 때문이다. 인지란 개념은 지능이란 개념과도 통한다. AI의 기계학습 이론도 생명체에서의 구조적 결합 개념으로 설명할 수 있기 때문에 학습 데이터와 학습 알고리즘의 복잡도 수준을 지능이라는 용어로 개념화할 수도 있다. 진화가 진행될수록 시스템의 복잡도는 높아지고 지능은 더 높은 수준으로 진화하게 된다.

SF 영화에 등장하는 미래의 AI 기계가 사람의 의식과 지능 수준으로 진화할 것으로 상상할 수 있겠지만, 현존하는 AI 기술의 가장 큰 한계는 위에서 언급한 학습기반의 AI와 지식기반의 AI가 상호작용하는 데 어려움이 있다는 것이다. 인공신경망에서의 알고리즘을 통해 학습된 내용이 지식으로 축적되고 지식베이스에 있는 내용이 학습 알고리즘에 영향을 주면서 상호작용하는 통합된 인공 두뇌를 만드는 것은 현재 인공지능 연구에서 가장 도전적인 과제다. 예컨대 최근 수많은 인공지능 연구자들이 구현하고자 하는 설명가능한explainable AI는 학습된 내용을 지식으로 변환transfer 가능하게 하는 기술이다. 인공신경망이 문제에 대한 해답은 잘 찾아 주지만 '왜'에 대한 설명을 못한다는 의미에서 학습 알고리즘은 '지식의 표상representation'과 무관한 '최적화 함수optimization function'에 불과하다는 비판을 받고 있다. 지식의 표상은 전통적 인공지능 연구에서 가장 중요한 과제였다. 기호주의 관점에서 표상이라 함은 기호와 개념 간의 의미적 관계다. 예컨대 '사과'와 'apple'이라는 단어는 우리 머릿속에 '사과'라는 개념을 떠

올리게 하고, 이는 실제 세계에 존재하는 사과를 의미하게 된다. 개와 고양이 같은 짐승도 기본적인 수준에서 지식의 표상을 가질 수 있다. 학습기반의 AI 기계도 이미지와 단어를 연결할 수 있으므로 지식표상이 가능하다 할 수 있다. 하지만 현재의 AI 기계는 이 수준에 그친다. 유인원인 침팬지에게는 수화를 가르쳐서 매우 복잡한 문장 수준의 지식표상도 가능하게 할 수 있고, 더 나아가 엄마 침팬지는 자기가 배운 수화를 자식에게도 가르칠 수 있다고 한다. 다시 말해 침팬지의 경우에는 지식의 표상에 대한 메타 수준의 표상representation of representation도 가능하다. 사람의 경우에는 이런 메타 수준의 지식표상이 한계가 없이 더해질 수 있는데, 이를 '재귀적 메타 표상recursive meta-representation'이라 부를 수 있을 것이다. 예를 들어 한국어 문장을 영어로 설명하고, 이를 좀 더 보편적인 논리적 언어로 표현하고, 이를 더 상세하게 풀어서 다른 언어나 수학의 이론으로 표현할 수 있을 것이다. 인간의 지능과 의식은 이처럼 메타 수준에서 표상이 가능하기 때문에 학문의 체계도 창조할 수 있는 능력이 있다. AI 기계가 사람이 풀기 어려운 문제를 순식간에 풀 수 있지만 새로운 AI 알고리즘을 만들어 내는 지적 수준을 기대하기는 매우 어렵다. 지능 진화의 정점에 있는 사람은 '나 자신'이라고 하는 자기의식self-consciousness에 대한 철학적 문제를 가지고 수천 년 동안 고민해 왔기 때문에 오늘날 같은 기술 문명을 창조할 수 있었다.

3. 초연결성에 대한 철학적 조망

과학의 탄생과 선형적 인과 패러다임

과학적 설명의 근간이 되는 인과성causality에 대한 철학적 사유는 고대 그리스 시대로 거슬러 올라간다. 소크라테스 이전 밀레토스 학파에 속하는 철학자들은 자연현상을 관찰하고 만물의 생성과 소멸에 대한 깊은 사유를 했다. 그들 중 헤라클레이토스는 자연현상에 내재되어 있는 보편적 운동법칙을 설명하면서 우주의 질서를 의미하는 '로고스logos'라는 용어를 처음 사용했다. 그에게 만물은 끊임없이 변하는 과정process이고, 이런 역동적 변화의 과정에 내재되어 있는 질서가 로고스이며 바로 신의 유일한 속성이다. "변화 이외에 영원한 것은 없다"고 주장하는 그의 철학은 실재로서의 사물과 그것의 본질적 특성보다는 '과정'으로서의 자연에 대한 깊은 통찰을 강조한다. 최초로 자연을 철학적 탐구의 대상으로 삼으며 『자연에 관하여』라는 저서를 집필한 것으로 알려진 아낙시만드로스는 만물의 근원이 되는 존재가 어떻게 개별적인 사물로 변하는지에 대해 설명한다. 그에 의하면 만물은 4개의 원소인 불, 공기, 물, 흙이 결합하여 생겨났고, 서로 반대되는 힘(뜨거움과 차가움, 건조함과 습함)이 작용하면서 만물의 형태를 이루게 되었다. '과정'을 강조한 헤라클레이토스는 실재로서 존재하는 개별 사물들 사이의 인과적 작용에 대한 구체적 설명에는 관심이 없었으므로 자연철학의 주류가 될 수 없었다. 탈레스, 아낙시만드로스, 파르메니데스로 이어지는 실재론적 자연철학의 주류가 서양의 과학적 사고의 뿌리가 된 반면, 헤라클레이토스의 과정 중심 철학은 동양의 사상과 깊이 통하고 있으며 스피노자와 화이트헤드로 이어지는 생태학적 자연철학의 모태가 되었다.

플라톤과 아리스토텔레스로 이어지는 그리스의 실재론realism은 아낙시만드로스와 파르메니데스와 같이 실재하는 만물의 근원과 속성에 대해 사유한 자연철학자들의 유산이라 할 수 있다. 오늘날 우리가 과학이라고 부르는 학문의 체계를 세우는 데 있어서 단 한 명의 조상을 호명하라면 아리스토텔레스라 할 수 있을 것이다. 아리스토텔레스는 물리학, 생물학, 동물학, 논리학 등 매우 다양한 분야에 최초의 저술들을 남긴 철학자다. 플라톤의 실재론은 감각을 통해 파악되고 끊임없이 변하는 이 세상의 실체성을 부정한 반면, 아리스토텔레스의 실재론은 경험되는 개별적 사물의 실체성에 뿌리를 두고 있다. 아리스토텔레스는 개별 사물들이 생겨나고 변화하는 과정을 설명하기 위해 네 종류의 원인 유형을 제시했다. 첫 번째는 질료인material cause으로, 예를 들어 항

아리를 만들 때 재료가 되는 진흙이 질료인에 해당한다. 두 번째는 형상인formal cause으로, 항아리의 모양이 되는 형상은 재료와 결합하여 개별 사물이 존재하는 원인이 된다. 세 번째는 동력인efficient cause으로, 사물에 가해지는 외부 작용을 의미하는데, 도공이 항아리를 만들 때 진흙에 가하는 손의 힘이라고 할 수 있다. 마지막으로 목적인final cause은 도공이 항아리를 만들고자 하는, 마음속에 가진 목적이다. 질료인과 형상인은 개념적일 뿐 실제 움직임과 변화를 만들어 내는 원인은 아니다. 목적인은 마음속에 품고 있는 의지에 불과하다. 의지를 가지고 실제 손을 움직여 작업을 할 때 운동의 힘이 가해지기 때문에 동력인만이 실제 물체에 변화를 일으키는 원인이 된다. 아리스토텔레스의 동력인에 있어서 원인과 결과는 단일 방향성만을 가진다. 모든 현상의 원인을 찾아 가다 보면 궁극의 원인이 되는 부동의 원동자를 가정할 수밖에 없다. 중세의 위대한 기독교 신학자인 토마스 아퀴나스는 부동의 원동자에 대한 논리적 필연성을 증명하면서 이를 신의 존재에 대한 증거로 제시했다.

17세기에 이르러 중세의 세계관이 종말을 고하면서 시작된 근대에는 인간, 신, 자연 간에 새로운 관계가 설정된다. 르네상스로 대표되는 인본주의는 교권과 스콜라 철학의 권위로부터 해방된 인격체로서의 개인이 모든 가치의 중심이 된다. 개인의 자유, 평등, 인권, 복지, 자본, 부의 개념이 근대 이후의 세계를 이끌어 가는 동력이 되었다. 자연사물과 정신의 공통된 존재론적 기원으로서 그 자체가 탐구의 목적이었던 신의 위상은, 중세를 벗어나면서 기껏해야 과학적 인식의 객관적 타당성과 보편성을 정당화하는 하나의 지표로 전락했다. 종교개혁을 가능하게 한 복음주의 신앙도 결국 각 개인이 신과의 접촉을 통해 구원에 이를 수 있다는 개인주의적 구원의 체계를 교리화한 것이다. 근대철학의 합리론과 경험론을 대표하는 데카르트의 방법적 회의론과 베이컨의 우상론은 자연세계에 대한 진리에 접근하고 개인의 지적 능력을 확장할 수 있는 철학적 근거를 제공했다. 자연에 대한 경외심이나 정서적 유대는 사라지고, 자연은 인간과 분리된 객관적 탐구의 대상이자 인간의 삶을 풍요롭게 해 주는 자원의 의미로 전락했다. 근대의 사유체계는 지식확장의 주체인 인간이 탐구의 대상인 자연세계와 철저히 분리된 이원론적 실체론을 기반으로 형성되었다.

이 시기에 과학혁명이라는 이름으로 자연세계의 여러 단면들을 탐구하는 여러 개별 과학 분야가 태동했다. 과학적 탐구란, 대상이 되는 자연사물의 특징들을 경험적 관찰을 통해 밝히는 것을 의미했다. 과학적 설명은 대상의 특징을 양적으로 측정가능한 도구와 수학적 표현 언어를 통해 설명하고 해석할 때에만 정당성을 인정받을 수 있었다. 우리가 과학[1]이라고 부르는 지식의 체계를 당시에는 '자연철학natural philosophy'이라 불렀다. 오늘날 과학의 토대가 되는 첫 번째 저서는 바로 '프린키피아Principia'라고도 불리는 아이작 뉴턴의 『자연철학의 수학적 원리*Philosophiae Naturalis Principia Mathematica*』다. 1687년에 출판된 이 저작에서 천체운동

---

1 과학은 라틴어로 *scientia*라고 하는데, 지식knowledge이란 의미다.

을 관찰한 자료를 바탕으로 케플러가 밝혀낸 행성운동법칙을 뉴턴 자신이 제안한 운동법칙과 만유인력 법칙으로 증명했다. 이 책을 통해 고전역학은 천문학과 근대역학의 혁명을 성공적으로 이루어 냈을 뿐 아니라 다양한 자연(사회)현상을 설명할 수 있는 보편적 원리로 자리잡게 되었다. 자연현상에 대한 과학적 탐구는 기계론적 인과론을 기반으로 이루어지게 되었고, 더 명확한 지식을 얻기 위해 자연세계를 더 작은 단위의 현상으로 환원reduction하여 설명하게 되었다. 예컨대 복잡한 생명현상은 더 작은 단위의 분자 수준에서 설명하고 이를 더 잘 설명하기 위해 화학과 물리학적으로 설명하려 한다.

근대 과학의 토대를 이룬 기계론적 인과론과 환원주의는 자연세계에 존재하는 규칙성regularity을 탐구하고 설명할 수 있는 절대적 원리가 되었다. 천체 물리학에서부터 출발한 근대의 과학은 자연세계를 시스템의 관점에서 관찰하기 시작했다. 시스템을 구성하는 요소들 간의 기능적 연결은 인과적 관계를 이루고 있기 때문에 시스템에서 일어나는 현상은 각 구성요소의 기능(혹은 기능의 일탈)을 분석하면 설명이 가능하다는 것이다. 하지만 밖에 보이는 현상은 부분들의 기능의 전체 합 이상으로 창발emergent되는 특성을 갖고 있다. 생명현상, 기후변화, 국제정치상황 등은 단순히 환원적이고 기계론적인 방식으로는 설명할 수 없는 매우 복잡한 현상인 것을 깨닫게 되었다.

기계론적 인과론은 현상에 내재되어 있는 인과적 규칙성을 선형적linear 관계로 설명한다. '선형적'이란 용어는 '예측 가능한' 그리고 '기계적인' 이라는 의미를 지닌다. 선형적 인과성은 원인에서 결과로 흐르는 영향의 방향성이 단방향적이라는 뜻이다. A→B→C→D와 같이 A는 B의 원인이 되고 B는 C의 원인이 되며 C는 D의 원인이 되기 때문에 D의 근본적인 원인을 찾다 보면 A에 도달한다. 환원주의의 관점에서 보면 질병의 원인을 찾기 위해 분자 수준에서의 인과적 도식이 되는 생물학적 프로세스를 이해해야 하고, 이를 바탕으로 치료제를 개발할 수 있는데, 이 또한 약물의 물리화학적 기전에 대한 이해가 필수적이다. 단일 방향의 인과성은 가설의 검증을 위한 실험 설계와 통계적 분석 방법을 적용하기 쉬운 과학적 패러다임이다. 하지만 원인과 결과가 상호의존적 관계를 가지는 경우를 배제하기 때문에 사람의 몸이나 지구 환경에서 일어나는 복잡한 현상을 규명하는 데 어려움이 있을 수 있다.

인식론epistemology[2]의 관점에서 선형적 인과성은 과학지식의 정당성justification에 대한 논리적 토대가 될 수 있다. '지식'은 전통적으로 '근거가 있는 참된 믿음justified true belief'이라고 정의한다.[3] 믿음 수준의 과학적 가설은 실험이나 관찰을 통해 얻어지는 데이

---

2 인식론은 지식을 뜻하는 그리스어의 'episteme'와 원리를 뜻하는 'logos'가 결합한 용어로서 지식의 본질, 구조, 정당성에 대한 문제를 다루는 철학의 분과다. 객관적으로 존재하는 세계에 대한 지식을 관찰이나 실험을 통해 획득하려는 과학적 방법론의 정당성 문제는 과학 인식론에서 다루는 영역이다.

3 E. Gettier (1963), "Is Justified True Belief Knowledge?", *Analysis*, Vol. 43: 181-184.

터를 과학적 방법으로 분석하여 검증함으로써 과학적 지식으로 인정받게 된다. 과학적 방법을 통해 탐구의 대상이 되는 현상에 대한 선형적 인과성의 흐름을 찾아내는 것을 과학적 지식의 정당화 과정이라 할 수 있다. 선형적 인과성은 시스템 관점에서 '정보의 흐름information flow'[4]이라는 개념으로 설명할 수 있다. 정보의 흐름이란 시스템을 구성하는 요소들 사이에 내재하는 기능적 규칙성과 연관된 정보 전달의 순차적인 인과성을 의미한다. 예를 들어, 지금 전화벨 소리가 울렸다고 생각하자. 이 벨 소리는—전화기의 요소들 사이에 일어나는 규칙적인 기능적 전달과정에 근거하여—누군가 나에게 전화를 걸었다는 정보와 나의 전화기가 정상적으로 작동하고 있다는 정보를 전달하고 있다. 즉, 전화벨 소리는 전화기의 부속품 간 기능적 인과관계에 의해 일어나는 외적 현상이라는 뜻이다. 그런데, 만약 옆집 개 소리를 듣고 전화를 받았는데 우연하게도 누군가가 우리집에 전화를 건 상태라는 것을 발견했고, 일주일 내내 개가 두 번 짖을 때는 반드시 누군가가 우리집에 전화를 한 상태라고 가정하자. 이런 경우에는—옆집 개가 초능력을 가진 것이 아니라 정말 우연이었다면—개가 짖는 것은 전화 시스템에 내재하는 규칙성과는 상관이 없으므로 전화벨 소리가 의미하는 정보를 전달하는 것은 아니다. 전화벨 소리를 듣고 누군가가 전화를 걸었다는 사실을 '알았다knowledge'는

4 J. Barwise and J. Seligman (1997), *Information Flow: The Logic of Distributed Systems*, Cambridge: Cambridge University Press.

것은 (1) 전화벨 소리에 근거하여justified, (2) 전화가 왔다는 믿음을 갖게 되었으며belief, (3) 그것은 객관적으로 참truth이라는 뜻이다. 그런데 옆집 개 짖는 소리에 근거해서 이 사실을 믿게 되었다면, 과연 이것은 지식일까? 위의 정의에 의하면 그렇다. 그러나 실제로 우리는 이것을 지식이라고 하지는 않는다. 따라서 지식을 정보와 관련하여 새롭게 정의를 내릴 필요가 있다. 즉, 지식이란 세상(특정 사물이나 사건)에 대한 (1) 정보를 수반하는 (2) 인간의 믿음으로서 (3) 인간의 행동과 의사결정에 지침을 제공하고 다른 사람과의 대화에 중요한 역할을 하는 것이다.[5] 옆집 개 짖는 소리는 위의 예에서 정보를 전달하지 않으므로 지식과는 상관없이 단순한 믿음을 일으킬 뿐이다. 과학적 지식에 대한 정당성은 사건들 사이의 시간적 선행성과 인접성에 대한 경험적 확률로 결정하는 것이 아니라 시스템 구성요소들 간의 내재적 규칙성(인과성)을 근거로 판단하는 것이 옳을 것이다. 하지만 이러한 시스템의 내재적 규칙성은 선형적 인과관계 외에도 구성요소들 간 복잡한 상호작용을 포함하기 때문에 이를 명확히 밝히기 어렵다.

자연세계에 존재하는 인과적 관계에 대한 존재론적 질문과 인식론적 질문은 분리될 수 없는 것이지만, 과학적 인식론에 있어서 경험론자들은 인과성의 존재론적 질문을 외면하려는 경향이 있었다. 경험론자인 흄David Hume은 '인과성'이란 시간적 선행성,

5 F. Dretske (1981), *Knowledge and the Flow of Information*, Cambridge, MA: MIT Press.

인접성, 필연적 연관성이라는 세 가지 개념을 포함하는 개념이라고 말했다. 흄에 따르면 시간적 선행성과 인접성만이 경험에 근거하고, 필연적 연관성은 경험을 통해 직접 알 수 있는 영역은 아니다. 시간적 선행성과 인접성이 우리의 경험 속에 반복해서 일어날 때 원인과 결과 사이에 필연적 연관성이 있을 것이라고 믿을 뿐이라는 것이다. 여기서 말하는 필연적 연관성은 사물이나 사건 사이에 내재하는 존재적 차원의 것이라고 했을 때 인과성의 존재적 영역은 우리의 인식 차원 너머에 있다. 앞 장에서 다루었던 존재론적 차원의 '창발성' 개념은 시스템 구성요소들 간의 필연적 인과성을 포함하고 있지만, 경험론적 인식론 관점에서는 받아들일 수 없게 된다. 창발성은 구성요소들에는 없는 속성이 전체로서의 개체에는 있는 속성이다. 예컨대 물의 '액체성liquidity'은 물의 구성요소인 수소와 산소에는 없지만 수소와 산소의 화학적 결합에 의해 창발된 속성이다. 생명체와 같이 복잡한 시스템의 창발적 특성을 구성요소들 간의 내재적 규칙성으로 설명하고 예측하기란 매우 어렵다. 앞 장에서 언급했듯이 생명체가 환경과 끊임없이 상호작용하는 생명활동은 창발적 자기조직화의 과정이다. 생명체의 진화를 통해 시스템 내 모듈화가 다양해질수록 지능은 높아지고 창발성은 훨씬 더 다양하고 복잡해진다. 복잡계의 내재적 규칙성은 선형적 인과관계로 설명되기 힘든 복잡한 상호작용을 포함하기 때문에 시스템의 창발적 특성을 이해하기 위해 새로운 비선형적·융합적 방법이 필요하다.

생태학적 시스템 철학

제도화된 종교에 예속된 중세의 세계관과 권위에서 해방되어 인간중심적으로 진리를 추구하고자 하는 근대의 세계관은 인류의 전 문명에서 매우 짧은 역사를 가지고 있는지도 모른다. 인류문명의 전 역사를 살펴보면 자연세계를 바라보는 다른 종류의 세계관이 동서양에 더 넓고 깊이 퍼져 있었다. 오래전 동양의 도가사상은 인간과 자연을 구분하지도, 자연세계를 개별화된 개체와 부분으로 나누지도 않았다. 자연에 존재하는 각 개체들의 개별적 차이를 인정하지만 배타적으로 대하지 않고 자연 개체들의 내재가치intrinsic values가 존재함을 믿었다. 자연은 모든 구성원들이 서로 상호작용하고 관계를 맺으면서 함께 지어 가는 가정과 같은 것이고, 생태지혜ecosophy는 노자가 말한 '유무상생', 즉 타자를 향한 관계적 진상을 깨닫는 직관적 통찰을 의미한다. 생태학ecology의 어원인 그리스어 'oikos'eco는 가족family, 집house, 가정을 이루는 가족 구성원, 사회를 이루는 작은 단위 공동체를 의미한다. 기독교에서도 인간의 타락 이전에는 신과 인간, 인간과 인간, 인간과 자연 사이에 분리가 있지 않았고, 인식의 주체와 대상이 구분되지 않았다. 창세기에 나오는 죄의 개념은 신의 형상으로 창조된 인간이 신의 말씀, 즉 우주의 질서(로고스)에서 분리separated되어 개체화된 사건을 의미한다. 신과 분리된 죄의 상태는 신의 형상이 훼손됨으로써 존재적 관계로 자연과 연합된 상태가 아니라 지배와 소유의 관계로 자연을 대하게 된 것을 의미한다. 구속atonement은 죄로 분리된 것을 하나로 이어 주는 것이고, 사랑으로 연합되는 전 우주적인 공동체가 교회인 것이다. 불교의 근본인 연기사상과 생명존중 사상에 따르면 법계와 생태계는 모든 존재가 상호연결된 세계라는 점에서 같고, 모든 생명체에 내재된 가치가 바로 불성이라고 가르친다. 도교, 불교, 기독교의 영향을 받아 심층생태학deep ecology을 주창한 아른 네스Arne Naess는 자연보존운동을 지향하는 표층생태주의가 여전히 인간중심적이고 이기적인 소아ego에 국한되었다고 비판했다. 그는 심층생태학은 생물권 전체와의 일체 의식을 경험하면서 지구 안의 모든 것이 관계를 맺고 있기 때문에 최대의 대아self를 실현할 수 있는 세계관이라고 주장했다.

이원론적·환원적·기계론적 관점보다 더 넓고 깊게 동서양의 문화에 내재되어 있었던 생태적 가치는, 전일적 관점에서 모든 것이 상호연결된 세상을 바라보라는 것이다. 불교에서 연기설을 지칭하는 빠알리어 명사인 '빠틷짜 쌈우빠다'를 직역하자면 '함께 나타나고 있기 때문에 있음the being-on-account-of-arising-together'이다. 이는 '의존적 상호발생dependent co-arising', '의존적 상호생성dependent co-organization', '조건에 의한 발생conditioned genesis' 등으로 번역되기도 한다.[6] 생로병사와 같이 인간의 삶에서 일어나는 변화 속에는 어떤 질서가 있는데, 연기는 변화 자체의 패턴(질서)을 의미한다. 생성과 소멸의 변화에 내재되어 있는 인과의 질서를 불교에서

---

6 조애나 메이시(2004), 『불교와 일반시스템 이론』, 이중표 옮김, 불교시대사.

는 '사물들의 본성法性'이라 하고, 깨달음이란 이를 발견하는 것이다. 불교에서 상호의존적 원인을 의미하는 용어인 '빳짜야paccaya, 緣'는 모든 형태의 관계를 포함하는 포괄적인 범주로 사용되는데, '돌아오다, -에 의지하다'는 의미의 동사 '빳째띠pacceti'에서 유래했다. 인과의 흐름은 선형적인 일방향성이 아니라 회귀적 성질이 있다. 영어로 '관계relation'의 본래 의미는 라틴어 '*re-latus*'에서 유래했는데 '다시 제자리로 돌아온 것having been carried back or returned'이란 뜻이다. 앞 장에서 살펴본 시스템에서의 피드백은 환경과의 상호작용을 통해 환경과 시스템 내부의 구조적 변화를 일으키는 상호의존적 인과관계를 의미한다. 결국 시스템의 관계 피드백은 선형적인 인과성으로 설명할 수 없는 상호의존적 인과 네트워크로 표현될 수 있다. 생태적 관점은 세상을 사물thing로 바라보는 것이 아니라 상호의존적 관계의 패턴(질서가 있는 과정, process)으로 보는 것이다. 심지어 인식의 주체라고 여기는 '나我'라고 하는 것도 독립된 실체가 아닌 여러 층위의 심리적 기능들이 연결된 패턴이라는 것이다. 이런 견해는 앞 장에서 다루었던 연결주의적 인공지능의 철학과 일맥상통한다.

서양 근대철학에서 가장 영향력이 큰 데카르트의 이원론은 정신과 철저히 분리된 물체의 개념을 공고히 하지만, 정신과 육체 사이의 인과적 관계에 대한 기계론적 설명에는 모순이 많았다. 이원론은 과학적 탐구의 대상인 자연을 인류의 발전과 진보의 수단으로만 여겼다. 데카르트의 영향을 받아 기하학적으로 데카르트의 철학을 발전시키려고 한 스피노자는 아이러니하게도 데카르트의 이원론과 정반대의 결론을 이끌어 낸다. 즉, 그의 '윤리학ethics'에서 초월적 인격신을 거부하면서 모든 것의 내재적 원인이 되며 모든 것을 포괄하는 '신'의 개념을 이끌어 낸다. 존재하는 모든 것은 신 안에 있고 신 없이는 아무것도 존재하거나 파악될 수 없으며, 모든 개체들은 시공간 안에서 신의 속성을 특정한 방식으로 표현하는 양태mode 혹은 변형태라고 설명한다. 그에 따르면 신은 자연에 내재할 수밖에 없으며 신과 분리된 자연도 존재하지 않는다. 스피노자의 일원론적 자연관은 어떤 특정한 사물, 사건, 경험은 다른 사물, 사건, 경험들과 상호의존 관계에 있고 이 모든 것들이 체계적으로 통합된 전체를 자연이라고 명명했다. 자연은 자기가 스스로의 원인이 되는 절대적 존재이며 바로 신이다. 그렇기 때문에 창조란 무에서부터 생겨나는 것이 아니라 자연 스스로의 변화 생성을 의미한다. 스피노자의 생태론은 인과적으로 연결된 유기체로서의 생명에 대한 직관적 인식을 통해 자연 전체와 자연 법칙을 통찰할 수 있다는 것을 가르친다. 스피노자의 영향을 받은 니체도 초인의 정신은 바로 어린아이와 같이 자연적 삶을 누리고 스스로 자유롭게 가치를 창조할 수 있는 것이라고 말했다.

19세기 말 이후 생태적 세계관 형성에 가장 중요한 역할을 한 철학자는 화이트헤드Alfred North Whitehead라 할 수 있다. 화이트헤드의 유기체 철학philosophy of organism[7] 혹은 과정철학process

---

7 유기체는 구성요소들이 유기적으로 밀접히 연관되어 이루어진 하나의 통일된 전체라고 정의 내린다. 이런 점에서 유기체도

philosophy은 절대 시공간 속에 외부의 어떤 것과도 관계를 가정하지 않고 동일하게 정지해 있는 것으로, 존재하고 파악될 수 있는 실체 개념에 대한 과학적 유물론을 거부한다. 현실적 존재actual entity로 여기는 모든 존재하는 것들은, 경험을 통해 새롭게 생성되는 '현실적 계기actual occasion'로 구성되어 이름 붙여진 것이다. 각각의 현실적 계기는 그에 선행하는 (과거의 세계 전체인) 경험의 계기들을 통해 자신을 구성해 가는 과정으로서의 존재다. 이런 현실적 존재가 자기를 구성하는 생성의 과정을 파악prehension이라고 명명했다. 화이트헤드는 자연의 모든 생명체도 인간이 가지는 경험의 정도는 아니라 해도 파악의 과정과 경험을 가지는 내재적 가치intrinsic value를 가지고 있다고 주장한다. 시공간적으로 상호연결된 자연 내의 모든 유기체들은 내재적 가치와 도구적 가치를 가지고 생태계 내에서 생기는 갈등을 해결하는 방법을 스스로 찾아 간다. 유기체 철학은 객체와 주체를 분리하는 이원론을 거부하고 생명체와 환경을 상호작용하는 결합체로 바라본다. 화이트헤드는 생명체를 정태적 대상으로서 환원적 관점에서 연구하는 것을 거부하고 유기체 생명활동의 동태적 변화 과정을 전일

시스템의 관점으로 이해할 수 있다. 이에 더해 유기체는 무기체inorganism와 대비되는 개념으로, 무목적적인 물체의 운동으로서 자연을 대상화한 기계론적 자연관에 대항하는 의미를 가진다. 유기체는 기계론적 인과성으로 설명될 수 없는 자신이 종합의 원인으로 작용한다는 것이다. 지구와 우주도 스스로에 내재된 가치와 목적을 가지고 있는 유기체다.

적으로 바라보기를 원한다. 앞 장에서 언급한 마투라나와 바렐라의 '구조적 결합' 개념은 화이트헤드의 유기체 철학과 일맥상통한다. 화이트헤드는 생명체는 환경과 지속적인 상호작용을 통해 신체 내부에 구조적 변화를 일으키는데, 이를 환경과 생명체 간의 구조적 결합이라고 설명한다. 한 시점의 생명체 내부 구조변화는 생명체의 구조변화들의 역사, 즉 이전 단계에 있었던 환경과 상호작용의 기록들을 통해 정해지는 것이다. 삶의 역사가 개체마다 다르기 때문에 각 개체는 구조변화의 연쇄적 경로를 통해 자기만의 고유한 경로를 형성한다. 현 시점에서 일어나는 구조적 변화는 그 이전 시점에서 일어난 구조적 변화에 영향을 받기 때문에 환경과의 구조적 결합을 선형적 인과관계로는 설명할 수 없다.

위에서 살펴본 생태적 관점의 세계관은 한 인간의 삶을 고립된 개체로 보는 것이 아니라 서로 연결된 공동체 관점에서 가족과 이웃, 사회와 국가, 자연과 우주를 바라보는 것이다. 생태적 관점의 세계관은 삶의 태도에 있어서 매우 중요한 윤리적 가치를 제공해 주었지만 과학기술 문명을 이끌고 있는 인식 차원의 합리성과는 거리가 있다. 이에 반해 근대 과학의 태동 이후 선형적인 인과성은 과학적 설명을 구성하는 데 매우 편리하고 합리적인 틀을 제공해 왔다. 하지만 양자 물리학을 비롯하여 현대 과학의 여러 분야에서 기존의 환원주의와 기계론적 인과율로 설명될 수 없는 자연의 복잡한 현상을 유기체적 자연관으로 재해석하려는 시도가 이루어지고 있다. 최근 생물학과 임상의학 분야에서는 복잡한 생명현상을 기계론적이고 미시적 관점에서 다루는 것의 한계를 극복하기 위해 오믹스Omics[8]라고 이름 붙인 분야들이 인기를 누리게 되었다. Genomics, Proteomics, Epigenomics, Connectomics가 그 예들인데, 단백질, 신경세포 등 몸 속의 여러 단위들 간의 상호작용과 연결에 대한 패턴을 분석하여 생명현상을 설명하려는 학문의 분야들이다. 앞 장에서 상세히 다루었듯이 인공지능과 로봇 연구에 중요한 역할을 한 사이버네틱스란 분야는 시스템을 구성하는 요소들 간의 상호관련성을 밝혀 시스템 스스로가 어떻게 자기를 조직하고 환경에 적응하는가를 개념화했다. 오늘날 정보기술 분야에서 가장 널리 사용되고 있는 월드와이드웹 기술도 정보와 데이터들의 연결을 통해 엄청난 양과 종류의 정보공간을 만들어 내고 있다. 이미 과학기술의 패러다임은 환원주의와 기계론을 넘어 전체적 관점에서 관계와 상호작용을 연구하고 구현하는 새로운 패러다임을 향해 가고 있다.

부분과 전체

전체는 부분들의 합 이상인 그 무엇이다. 신문의 기사는 문장들이 모여 이루어지고, 하나의 문장은 단어들이 문법이라는 규칙에 따라 배열된 것이다. 도형은 선들의 연결로 이루어지고 스크린 상의 이미지는 픽셀 단위의 점들이 모여 우리 눈에 상으로 들어온 것이다. 과학의 이론은 명제들이 모여 만들어지고 명제들은

8 '체학'이라 번역되며 생명과학에서 분자들이나 세포 등의 집합체 전체를 뜻한다.

개념들 간의 관계로 구성된다. 우리 몸을 이루는 신체의 기관들은 세포들의 조직이고, 세포는 단백질 분자들과 세포 소기관들로 구성된다. 가족, 회사, 동창회 같은 사회 조직은 특수한 관계로 맺어진 집단이다. 이처럼 다양한 형태의 전체는 부분들이 모여 구성되지만 전체의 특성은 각 부분이 가지는 특성만으로는 온전히 파악되지 않는다. 예를 들어 우리 몸을 구성하는 부분과 전체의 위계적 관계를 표현할 수 있다. 즉, 원자 수준의 물질에서부터 분자 수준의 단백질, 세포, 신체의 각 기관, 그리고 전체 몸에 이르는 조직화의 위계적 관계와 기능적 인과관계를 표현할 수 있다. 예컨대 신체 기관의 기능을 제어하는 세포 수준에서의 신호전달 체계는 하위 수준의 유전자와 단백질 간 상호작용 기전에 영향을 받는다. 우리의 두뇌도 기능적으로 구분되는 여러 개의 신경계들로 구성되며, 각 신경계는 신경 회로 연결망으로 이루어져 있고, 각 신경 회로는 시냅스라고 하는 연결망으로 구성되어 있으며, 이들 또한 유전자와 단백질 연결망으로 조직화된 것이다.

전체를 구성하는 부분들 간의 관계성과 상호작용에 대한 이해는 전체의 특성을 이해하기 위해 반드시 필요하나, 관계성과 상호작용에 대한 특성을 표현하고 설명하는 것 또한 쉬운 일은 아니다. 신문 기사의 내용을 파악하기 위해서는 기사를 구성하는 모든 문장들에 대한 언어적 이해뿐만 아니라 그 글의 맥락적 이해가 필요하다. 한 문장의 의미를 이해하기 위해서도 그 문장을 구성하는 단어들과 문법에 대한 이해뿐만 아니라 글쓴이의 마음intentionality과 맥락에 대한 이해가 수반되어야 한다.[9] 부분이 가지고 있는 속성에 속하지 않는 전체의 속성을 창발적이라고 한다. 예컨대 수소와 산소의 속성과 전혀 상관없는 물의 액체성, 알고리즘의 효율성efficiency, 이론의 일관성consistency, 가족의 응집력cohesion, 회사의 조직적 특성 등이 전체의 창발적 속성의 예다.

전체로서의 시스템을 구성하는 컴포넌트들 간 기능적 상호작용을 통해 일어나는 과정은 시스템의 기능과 특성으로 나타난다emerge. 시스템이 복잡해질수록 외부환경과도 끊임없이 상호작용하기 때문에 시스템의 창발적 특성을 예측하기는 더욱 어려워진다. 생명체와 같은 복잡계의 창발적 특성은 시스템이 구성요소들로 조직화되는 관계성의 패턴에 따라 결정된다. 생명체의 'autopoiesis'로 명명되기도 하는 자기조직화는 모든 생명현상을 설명하는 창발적 특성이다. 하지만 생명체 내부의 구성요소 간 복잡한 상호작용의 과정이 어떻게 자기조직화를 이루는지에 대한 구체적 기전을 밝히는 것은 매우 어렵다. 예컨대 세포 내에는 에너지와 분자 수준의 물질 교환이 끊임없이 일어나지만 세포의 개체성을 유지하고, 신체의 각 기관도 조직의 개체성을 유지하며, 전체 몸의 수준에서도 개체성을 유지한다. 변화에도 불구하고 항상성을 유지하는 자기조직화 현상은 다층의 개별 개체들 간 네트워크 내에 일어나는 복잡한 상호작용의 결과이므로 환원주의적 과

---

9 존 오스틴John Austin, 존 설John Searle 등이 주창한 언어행위speech act 이론에 따르면 발화된 언어의 의미는 생산된 문장이나 담화에 내재되어 있는 것이 아니라 집단의 구성원 간 상호작용 과정이다.

학적 설명으로는 불충분하다.

한편 창발성은 서로 다른 두 가지 관점에서 해석된다.[10] 첫 번째 관점에 따르면 창발성은 존재론적ontological 차원의 속성으로서, 전체를 구성하는 부분에 분산되어distributed 있는 속성이 아니라 부분의 속성과 질적으로 다른 것occurrence of qualitative novelty이 전체에 전역적으로globally 나타난다. 또 다른 관점인 인식론적epistemological 차원에서 창발성은 더 하위 부분들의 특성을 통해서 알 수 없는 예측 불가능한unpredictability from lower levels 속성이다. 존재론적으로 실재하는 창발성의 속성을 이해하기 위해서는 부분들의 구체적 속성과 전체의 창발적 속성 간의 인과관계를 밝혀야 한다. 그렇지 않으면 플라톤식의 추상적 개념에 불과할 것이다. 심리철학의 수반론theory of supervenience[11]은 "의식과 같은 정신적 현상이 두뇌의 신경활동에 의존한다"는 철학적 명제를 논리적으로 증명하려 하지만 이에 대한 존재론적 인과관계를 구체적으로 밝히지는 못한다. 반면 인식론적 관점에서도 창발성을 설명되지 않는 신비적 영역에 두고자 하는 경향이 있다. 이에 관한 자세한 철학적 논의는 이 책의 범위를 넘어서기 때문에 생략하겠다.

---

10 Mario Bunge (2003), *Emergence and Convergence: Qualitative Novelty and the Unity of Knowledge*, Toronto: University of Toronto Press.

11 Jaegwon Kim (1987), "Supervenience and Nonlogical Incommensurability", *American Philosophical Quarterly*, 15: 149-156.

4. 초연결 과학기술의 사례

시맨틱웹, 링크드 데이터, 지식그래프

1980년대 말 팀 버너스리는 인터넷에 하이퍼미디어를 배포하기 위한 거대한 가상 공간 구조를 제안하면서 이를 WWW라고 이름 붙였다. 전 세계에 흩어져 있는 데이터와 정보를 거미가 그물망을 지어 나가듯이 복잡하지만 일관성 있는 규칙에 따라 연결하겠다는 비전을 세상에 알린 것이다. 1994년 10월에는 그의 비전을 실천하기 위해 버너스리를 중심으로 MIT 대학교에서 W3CWorld Wide Web Consortium란 단체가 태동하였다. W3C는 웹의 진화와 상호운용성interoperability을 증진할 수 있는 기술 규격 및 공통 프로토콜을 개발함으로써 웹의 잠재적 가능성을 최대한 실현하고자 하는 목표를 갖고 있다. W3C는 웹의 장기적 목표를 다음과 같이 세 가지로 명시하고 있다.

(1) **보편적 접근**Universal Access: 전 세계의 사용자들이 그들의 문화 및 교육적 배경, 사용 가능한 물질적 자원, 그리고 물리적 한계 등에 구애받지 않고 누구든지 웹에 접근할 수 있도록 기술을 증진한다.

(2) **시맨틱웹**Semantic Web: 개인 사용자들이 웹에서 얻을 수 있는 자원을 최대한 잘 활용할 수 있도록 소프트웨어 환경을 발전시킨다.

(3) **신뢰의 웹**Web of Trust: 웹의 기술과 관련된 법적, 상업적, 사회적 이슈들에 관하여 깊이 고려하면서 웹을 발전시켜 나간다.

버너스리는 웹에 대한 아이디어를 처음으로 생각했을 때부터, 공통된 정보공간information space으로서의 웹은 궁극적으로 시맨틱웹의 실현을 통해서 가능하다고 믿었다. 곧, 진정한 의미에서의 연결이란 하이퍼텍스트 링크를 통한 가상공간에서의 단순한 위치적 연결이 아니라 정보자원들 간의 의미적 연결이라는 신념을 일찍부터 가졌던 것이다. 하지만 그 당시 웹의 발명자인 버너스리를 비롯한 시맨틱웹의 선구자들도 새로 탄생한 이 기술의 정체성과 진화의 경로에 대한 합일된 그림을 그릴 수 없었다. 웹에 존재하는 모든 정보의 의미를 컴퓨터가 이해하고 조작할 수 있게 한다는 시맨틱웹의 비전은 웹을 하나의 거대한 인공지능 기계로 만드는 것으로 여겨졌다. 한편 시맨틱웹을 이루는 핵심 구성요소인 온톨로지는 과학과 산업의 지식체계를 디지털 세계의 바벨탑에 차곡차곡 쌓을 수 있도록 하는 거대한 학문의 물결이 되리라는 기대가 있었다. 다른 한편에서는 인공지능이나 온톨로지의 관점보다는 데이터의 관점에서 보다 쉽게 구현하고 보다 넓게 확장할 수 있는 데이터웹web of data으로 진화되어야 한다는 공감대가 형성되었다. 1세대 웹이 웹페이지를 단순히 하이퍼링크로 연결하는 문서 중심의 웹web of document이었다면 데이터 관점에서 차세대 웹인 시맨틱웹을 구현하겠다는 보다 현실적인 대안이 대세가 된 것이다.

시맨틱웹에서는 세상의 모든 사물을 자원resource이라고 한다. '대한민국', '유관순'과 같은 고유한 개체, '물', '토끼'와 같은 보통명사, '사랑', '애국심'과 같은 추상개념 등 웹에서 데이터로 기술하려는 모든 것이 자원이다. 모든 자원은 웹에서 존재적 지위를 갖기 위해 고유한 개체성을 부여받아야 하는데, 주민등록번호와 같은 고유 식별자가 URIUniform Resource Identifier이다. URI는 웹에서의 주소를 표시하는 URL과 같은 표기 방식을 따른다. 시맨틱웹에서 표준이 되는 데이터 표현 언어는 1997년에 W3C에서 제안된 RDF다. RDF는 HTML과 같이 마크업 언어로서 웹에서 출판하여 사용할 수 있고 확장성이 무한하다. RDF는 웹의 모든 자원을 의미적으로 표현하는 언어로서 그래프 기반의 데이터베이스 언어라 할 수 있다. 그래프 기반의 데이터 구조의 장점 중 하나는 확장성scalability이다. 예컨대 "대한민국의 수도는 서울"이라는 자연어 문장을 컴퓨터가 처리할 수 있는 데이터 구조로 표현한다면 두 개의 노드인 '대한민국'과 '서울'을 '수도'라는 이름의 선(엣지)으로 연결만 하면 된다. 주어Subject, S-서술어Predicate, P-목적어Object, O의 그래프가 RDF언어의 기본 구조다. '대한민국'의 역사와 지리를 모두 기술한다고 해도 복잡하기는 하지만 RDF로 표현이 가능하다. '대한민국'이라는 고유한 명사는 웹에서 존재적 지위를 부여받아 URI를 가지는데 '대한민국'에 관한 모든 서술은 이 URI를 중심으로 가능하기 때문이다. 또한 '수도'라는 보통명사와 '서울'이라는 고유명사도 URI를 가지며 이들 명사에 대한 무한한 의미의 확장이 가능하다. 웹에서는 데이터와 지식의 출판과 관리의 주체가 매우 다양하다. 각 기관에서 출판한 데이터의 공간은 서로 다른 기관들에서 출판된 데이터 공간들과 연결을 통해 쉽게 확장될 수 있다. 예컨대 규장각한국학연구원의 조선왕조실록에 관한 내용이 RDF 데이터 공간으로 출판되었고 한양의 역사지리 정보를 국토지리정보원에서 RDF 데이터 공간으로 출판했다면 조선의 임금이 중요한 행사 때 이동한 경로가 지도로 표현될 수 있을 것이다. 그래프 구조를 가지는 RDF에서 하나의 노드는 그것이 자원일 경우에 모두 URI를 가진다. 한 그래프의 노드가 다른 그래프의 노드와 동일한 노드인 것을 알 수 있는 것은 URI가 같기 때문인데, 서로 다른 데이터 공간이라도 URI를 통해서 바로 연결link이 가능하다.

〈그림 7〉은 서로 다른 데이터 공간들이 RDF를 통해 어떻게 연결되는가를 보여 준다. 이 예에서 "The Glass Palace"라고 하는 서적과 출판사 "Harper Collins"에 대한 정보가 영국의 출판사, 번역서를 출판한 프랑스의 출판사, 위키피디아에서 각각 웹으로

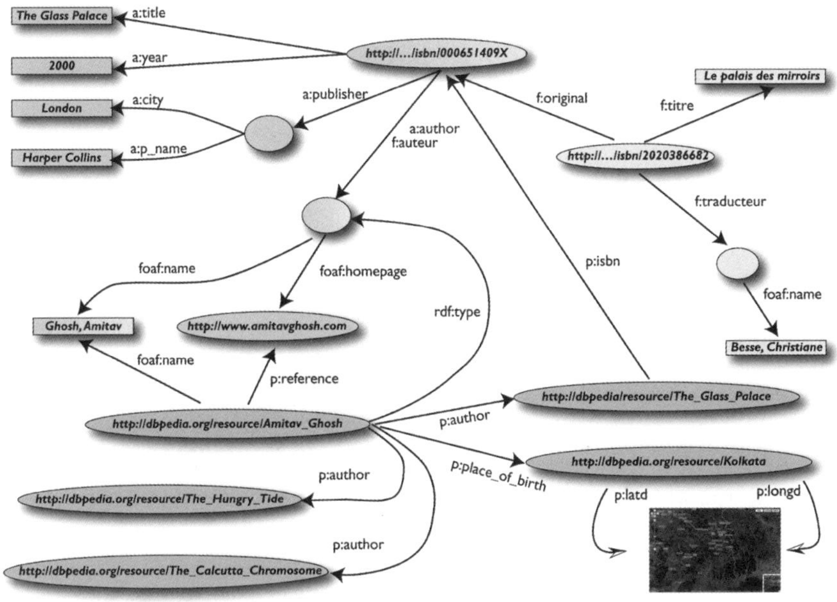

〈그림 7〉 시맨틱웹에서의 데이터 공간 연결
출처: Herman(2006).

공개되어 관리되고 있는데, 책과 저자에 대한 고유한 식별자unique identifier와 데이터를 기술하는 RDF를 통해 웹에 분산되어 있는 데이터 간 연결이 이루어진다. RDF로 기술되는 데이터의 자료는 기본적으로 S-P-O의 구조로 되어 있어서 매우 직관적이며, 데이터의 의미적 확장과 연결은 무한하다고 할 수 있다. 월드와이드웹은 이처럼 하이퍼링크를 통해 웹 문서 간 공간적 연결뿐 아니라 그래프 형태의 표준화된 거대한 데이터 공간으로 진화하고 있다. 그림에서 고유 식별자인 ISBN을 가지고 있는 어떤 책의 제목a:title

은 "The Glass Palace"이고, 저자의 이름foaf:name은 "Ghosh, Amitav"이며, 2000년에 런던에 있는 "Harper Collins"라는 이름의 출판사a:p_name에서 출판되었다. 이 책의 불어 번역서 제목f:titre은 "Le palais des miroirs"이고, 번역자의 이름은 "Besse, Christiane"이다. 원저자와 번역자에 대한 상세한 내용은 위키피디아에 있는 인명 데이터와 링크되어 있다. 이 예에서 주어S 노드는 ISBN과 같은 URI를 가지는 개체이고, 'a:title', 'a:city' 등은 각 개체를 서술하는 속성P이며, 목적어O는 URI를 가지는 개체이거나 "Harper Collins"와 같은 문자열이다. 'a', 'f', 'foaf' 등을 이름공간name space이라고 하는데, 이는 속성에 대한 명칭을 모아 놓은 사전과 같은 것이다. 예컨대 'a:title'은 영국 출판사 데이터베이스의 이름공간에 있는 속성 명칭이고 'f:titre'는 프랑스 출판사 데이터베이스의 이름공간에 속하는 속성 명칭이다.

시맨틱웹은 다양한 기관과 분야에서 생산된 서로 다른 데이터 공간들을 서로 연결하는 링크드 데이터라는 이름으로 불리는 거대한 데이터의 웹이 되었다. 예를 들어 전 세계의 연구기관, 정부, 회사 등이 웹을 통해 공개한 데이터 공간이 링크드 데이터로 연결되는 소위 LODLinked Open Data 프로젝트가 있는데, LOD의 진화는 매우 빠르게 진행되고 있으며, 전체 LOD 공간의 크기는 어마어마하다.[1]

1 Matthias Frank and Stefan Zander (2019), "The Linked Data Wiki: Leveraging Organizational Knowledge Bases with Linked

몇 년 전 구글이 자사의 지식베이스를 '지식그래프'라고 명명한 이후, 시맨틱웹 커뮤니티에서도 지식그래프라는 용어를 보편적으로 사용하고 있다. 그러나 단순한 이름의 변경이 아닌 기술의 발전을 눈여겨볼 만하다. 지식그래프는 대규모 정부 데이터의 연계, 엔터프라이즈 환경에서 데이터를 통합하기 위한 기술의 핵심으로 인식된다. 그래프 기반의 웹 데이터베이스 기술과 온톨로지 기반의 지식표현 기술이 결합한 지식그래프라는 이름은 시맨틱웹의 진화 과정에서 자연스럽게 붙여졌다. 딥러닝처럼 학습하는 인공지능은 '왜'라는 것을 설명할 수 없기 때문에, 설명가능한 인공지능으로 진화하기 위해 지식그래프 기술의 도움이 필요하다는 견해도 있다. 시맨틱웹은 이처럼 여러 이름의 옷을 입고 있지만 결국 세상의 데이터를 통합하면서 마치 생명체와 같이 거대한 정보와 지식의 공간으로 진화하고 있다. 과학과 기술, 그리고 사회와 문명의 초연결을 이루어 내는 플랫폼으로서 웹이 바로 시맨틱웹인 것이다.

의생명과학 온톨로지

최근 의생명과학 분야의 실험데이터와 지식의 양은 폭발적으로 증가하고 있다. 특히 포스트 게놈 시대를 맞아 생명과학 연구자들은 다양한 종의 유전자 서열에 대한 정보를 사용할 수 있

Open Data", *Primate Life Histories, Sex Roles, and Adaptability*: 294-319.

게 되었고, 유전자 발현과 유전자 돌연변이를 전체 유전자 관점에서 연구할 수 있게 되었다. 유전자 정보, 과학 실험 데이터, 환자 개개인의 임상 데이터가 서로 잘 연결될 수 있다면 맞춤형 정밀의료precision medicine 서비스도 가능할 수 있을 것이다. 하지만 실험 데이터, 병원의 임상 데이터, 그리고 연구논문으로 발표된 지식을 효과적으로 연결하는 진단기술이나 새로운 치료법을 찾기는 쉽지 않다. 과학지식이 텍스트 형식으로만 되어 있어서 인공지능을 이용한 자동처리가 어렵고, 데이터 간의 표현 방식이 달라서 자료의 검색 등 효과적 정보 이용이 어려운 것이다. 분자생물학이나 질병 경로의 생화학적 연구 결과와 같은 지식정보들을 활용하여 환자의 개별 임상 데이터를 통합적으로 해석하는 것은 정밀의료 분야의 중요한 과제다.

'추론이 가능한 데이터 모델', '기계가 읽고 자동처리 가능한 형태의 데이터 의미표현 방법' 등으로 정의되는 온톨로지 기술은 방대하고 복잡한 데이터를 다루는 여러 분야에서 많이 활용되고 있다. 특히 의생명과학 분야에서 온톨로지 공학은 생명현상이나 보건의료시스템과 관련된 방대한 지식체계를 기반으로 복잡한 생명과학 데이터를 분석하여 새로운 지식을 발견할 수 있는 방법론으로 제안되었다. 유전자 온톨로지gene ontology나 각종 의료 온톨로지 덕에 생물정보학과 의료정보학 분야는 어느덧 '온톨로지' 개념에 비교적 친숙해졌다. 이들 각각의 정보과학도 넓게 보면 전산학이나 컴퓨터공학에 포함되므로, '온톨로지'라는 용어를 사용하는 학문 분야는 사실상 철학 또는 전산학이다. 그러나 이 두 학문에서는 '온톨로지'란 동일한 용어를 각기 다른 의미로 사용한다. 철학의 '온톨로지ontology'는 '-logy'란 어미에서 알 수 있듯이 어떤 학문을 뜻하고, 전산학에서의 그것은 (이름과는 잘 안 어울리지만) 어떤 공학적 구조물, 혹은 설계된 인공물designed artifact이다. 한마디로 일종의 데이터베이스인 것이다. 그런데 온톨로지는 각종 지식을 연결하고 통합할 수 있는 데이터베이스로, 일반 소프트웨어에서 널리 사용되는 관계형 데이터베이스나 객체지향 데이터베이스보다는 좀 더 복잡한 구조를 가지고 있다. 철학에서 온톨로지는 사물, 속성, 사건, 과정, 관계와 같은 존재의 특성과 구조를 파악하고 설명하기 위해 수학적(논리학적) 언어로 표현하는 방법을 제공한다. 하지만 전산학에서의 온톨로지는 엄밀하게는 수학 체계에 뿌리를 두고 있지만 현실적인 문제를 해결하기 위해 각 분야의 지식을 모델링하고 통합하는 좀 더 실용적인 방법론으로 발전되어 왔다.

그렇다면 이것을 어느 쪽에서 먼저 사용했을까? 당연히 철학이다. 철학에서의 '온톨로지'는 우리말로 '존재론'으로 번역된다. 온톨로지, 곧 존재론이란, 형이상학metaphysics의 한 분야로 세계를 구성하는 모든 종류의 대상들의 존재에 관한 탐구다. 즉, 이것은 '이 세계에는 어떤 종류의 존재자들이 존재하는가, 그들의 본성은 무엇인가, 그들 사이에는 어떤 관계가 있는가, 그들로부터 어떻게 세계가 구성될 수 있는가' 하는 문제들을 다룬다. 학문으로서 온톨로지는 아리스토텔레스의 범주론categories에서부터 비롯되었으나, '온톨로지'라는 단어가 최초로 문헌에 등장한 것은 17세기 초반이다. 온톨로지는 전 철학사를 통해 가장 활발히 연구되어 온 분야 중 하나이며, 대표적인 연구자들로는 칸트, 후설Edmund Husserl, 화이트헤드, 하이데거Martin Heidegger 등의 거장들이 있다.

한편 전산학 관련 문헌에서 '온톨로지'라는 용어가 처음 등장한 것은 1960년대 후반이다. 그리고 인공지능 분야에서는 1980년대 초반부터 조금씩 사용되기 시작했다. 매카시John McCarthy는 인공지능 시스템의 논리적 이론들을 구축하는 활동과 철학의 존재론에서 이루어졌던 작업 사이에 공통되는 부분이 있나는 사실을 최초로 인지한 사람으로 평가된다. 이러한 그의 관점은 철학자 콰인Willard van Orman Quine으로부터 큰 영향을 받았다. 그 후 웹의 탄생 등으로 인해 대규모 지식 공유의 필요성이 절실해짐에 따라 인공지능 연구에서 온톨로지가 점차 중요하게 다루어졌다.

온톨로지도 넓은 의미에서는 데이터베이스라고 할 수 있지만 데이터보다 복잡한 형태의 지식과 관련되어 있다는 의미에서 지식베이스knowledge-base라고 부르기도 한다. 하지만 엄격히 말해서 온톨로지는 지식 내용과 절차적 추론 과정을 포함하는 포괄적 의미의 지식보다는 용어들 사이의 '개념적' 관계에 국한되기 때문에 지식베이스와 구별되는 또 다른 형태의 데이터베이스라고 할 수 있다. 지식의 표현은 어휘의 사용을 통하여 가능하다. 어휘의 사용은 두 가지 형태로 구분될 수 있다. 하나는 어휘의 내용을 다른 어휘를 사용하여 명확하게 하는 것이고, 다른 하나는 어휘들로 표현된 사실들 사이의 논리적 관계를 통하여 새로운 사실을 알아내는 것이다. 전자를 개념concept에 대한 표현representation

이라고 하고 후자를 추론inference이라고 한다. 논리적 기법을 사용한 기존의 지식베이스 시스템 연구는 컴퓨터 언어로 사람의 지식을 의미적으로 잘 표현할 수 있게 하거나, 지식을 처리하는 추론의 효율성을 높이는 것을 목표로 한다. 하지만 지식의 표현력과 추론의 효율성은 서로 상충trade-off 관계일 수 있다. 즉 한국어처럼, 사람이 일상언어를 사용하여 지식을 표현하는 만큼 높은 수준의 표현력을 가진 전산언어는 컴퓨터가 효율적으로 계산하기 어렵다. 온톨로지 기술은 기존의 인공지능 연구에서 하는 복잡한 지식표현의 수학을 버리고 매우 구조적이고 단순한 어휘의 개념을 표현하여 데이터의 의미를 더 잘 표현하고 연결할 수 있는 방법을 찾아냈다. 또한 추상적인 지식표현 방식보다는 의학, 생물학, 자동차공학, 온라인 쇼핑몰과 같은 매우 구체적인 분야에서 통용되고 있는 개념들에 대한 지식 모델링에 중요성을 두고 연구되어 왔다.

기호주의 인공지능이 꽃피던 시기에 의사 대신 환자의 병을 진단하는 전문가 시스템이라고 불리우는 지식베이스 시스템에 대한 연구가 활발히 진행되었다. 전문가 시스템은 환자의 건강과 관련된 데이터를 사용해 논리적 추론 과정을 거쳐 병을 진단하는 컴퓨터 프로그램이다. 전문가 시스템은 의사들이 사용하는 의학 개념 일부와 의사의 추론 과정을 Prolog와 같은, 논리와 지식표현을 위해 개발된 컴퓨터 언어로 구현하고 있다. 그러나 방대한 의학 용어체계가 뜻하는 바를 컴퓨터가 처리할 정도의 개념 공간을 담고 있지는 못했다. 예컨대 전문의라면 누구나 사용하는 용어에 대한 정의를 표현하지는 않는다. 이에 반해 온톨로지는 어휘의 정의를 다른 어휘와의 논리적 관계뿐만 아니라 혈액, 혈압, 심장 등과 같은 가장 기본적primitive 어휘부터 파악해 나가는bottom-out 구조를 통해 설계되기 때문에 개념들 간 모순 없이 의미적 표현이 매우 풍부해질 수 있다. 컴퓨터가 처리하고 이해할 수 있는 매우 상세한 의학 백과사전이 있다면 인공지능 기계는 의학과 관련한 질문에 매우 풍부하고 적합한 답을 찾아 줄 수 있을 것이다. 유명한 퀴즈대항 프로그램에서 사람을 이긴 IBM의 Watson은 신세대 인공지능 전문가 시스템이라 할 수 있다. 이는 해당 분야의 전문가들이 동의하거나 공통적으로 사용하는 가장 기본적인 어휘나 개념으로부터 지식표현이 출발한다는 점에서 해당 분야에 특정적domain specific이다. 온톨로지의 역할은 해당 분야에서 사용되는 어휘의 해석과 의미의 한계를 정하는 데 있다는 점에서 어휘 사이의 논리적 형식보다는 어휘의 내용을 중심으로 창조된다고 할 수 있다.

온톨로지와 의생명과학과의 관계는 매우 밀접하다. 생물학의 분류체계도 일종의 온톨로지라 할 수 있으며, 최근 가장 널리 알려져 있는 온톨로지 중 하나가 GOGene Ontology다. 의료 분야에서도 환자중심 의료서비스의 기반이 되는 EHRElectronic Health Record 시스템에서 필수적인 온톨로지 기반의 용어 시스템terminology system은 의료정보학의 중심 연구 영역이 되었다. GO는 방대한 양의 생물 데이터를 체계적으로 표현하고 관리 및 검색을 위해 사용될 뿐만 아니라, 여러 곳에 분산되어 존재하는 다양한

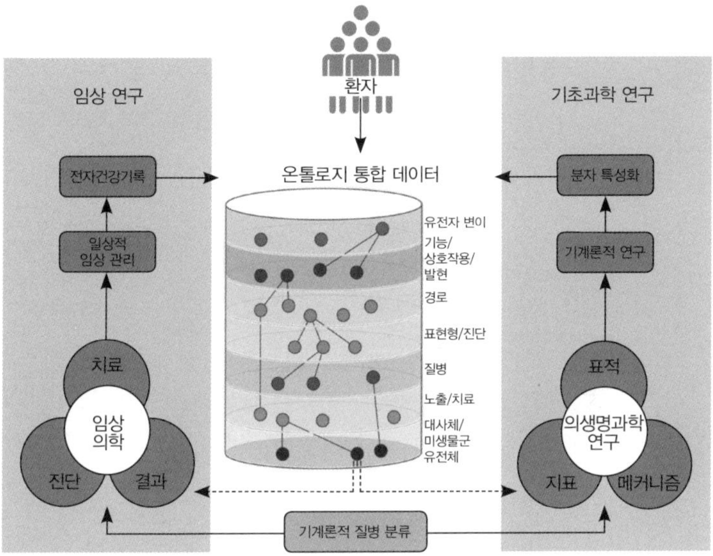

〈그림 8〉 정밀의료를 위한 데이터 연결

출처: Haendel, Chute, & Robinson (2018) 참조.

지식들을 통합하여 새로운 생물학의 지식을 발견하는 데 사용되고 있다. 〈그림 8〉은 미래의 의료서비스를 위해 어떻게 데이터들이 연결될 수 있는가를 보여 준다.

생물학 연구가 날이 갈수록 복잡해지고 엄청나게 많은 양의 연구 결과가 쏟아지고 있으므로 정보 간의 의미 연관 관계를 찾고 활용하는 것은 매우 중요한 또 다른 연구 주제가 되었다. 수많은 생물학 관련 데이터베이스 간 연결, 공유 및 교환, 그리고 용어의 정리와 개념의 체계화를 위해 온톨로지가 필요해졌다. 생물학에서 기술하는 기본적인 단백질이나 유전자, 그리고 그것에 관련된 기능들은 하나의 종에만 국한된 것이 아니라 여러 종에 공통적으로 있을 수 있다. 따라서 관련된 모든 종에서 공통적으로 쓰일 수 있는 용어의 확립과 예외 사항들을 정리할 수 있는 규정이 필요해졌다. 환자의 임상 데이터, 생물학과 화학에서의 실험실 연구의 결과, 컴퓨터 시뮬레이션을 통해 밝혀진 결과들이 결합되어 해석될 수 있기 위해 데이터의 연결과 통합을 위한 표준 기술 플랫폼이 필요하다. 그중 한 예가 미국의 국립보건연구소, NIHNational Institute of Health의 지원을 받는 의생명온톨로지 센터 OBOOpen Biological and Biomedical Ontology의 웹사이트다.[2]

OBO Foundary는 의생명과학 분야의 온톨로지들을 협력적으로 구축하고 공동 프로젝트를 수행할 수 있도록 설립한 연구 컨소시엄이다. OBO는 잘 구조화된 온톨로지 기반의 통제 어휘를 여러 용도로 재사용 가능하도록 웹 기반의 관리 환경을 제공하는 웹사이트로 운영되고 있다. 현재 OBO에는 60개 이상의 의생명과학 온톨로지가 등록되어 있으며, 이 사이트를 통해 계속하여 갱신된 내용이 보고되고 있다.

OBO에 등록되기 위해서는 온톨로지들 간의 최소한의 일관성 유지와 오류 감소를 위해 다음과 같은 기준을 만족해야 한다.

- 온톨로지는 개방되어야 하며, 어떠한 제한없이 모든 사람에 의해 사용될 수 있어야 한다.
- 온톨로지는 일반적으로 공유된 문법으로 인스턴스가 정의

2 obofoundry.org/.

되어 있거나, 정의될 수 있어야 한다.

- 온톨로지는 OBO에 이미 등록된 다른 온톨로지와 직교적인 관계를 가진다.
- 온톨로지는 유일한 식별자unique identifier 영역을 공유한다.
- 온톨로지는 용어들에 대한 텍스트 정의를 포함한다.

OBO에는 해부학, 세포, 신경과학, 각종 질병, 다양한 종의 생물에 대한 온톨로지가 등록되어 있다. 그중 가장 대표적이면서 널리 사용되고 있는 GO는 서로 다른 데이터베이스들에 있는 유전자 결과물들에 대한 일관적인 기술을 제공하기 위해 1997년 11월 GO 프로젝트로 출발했다. GO는 모든 유기체의 유전자와 유전자 결과물을 대상으로 하며, 모든 생물학적 종에 적용될 수 있는 3개의 하위 온톨로지인 분자기능molecular functions, 생물학적 과정biological processes, 세포의 구성요소cellular components로 이루어져 있다.[3]

- **분자기능**Molecular Function: 각 개별 유전자나 단백질의 기능 또는 잠재적 기능을 의미한다. 예를 들어 carbohydrate binding, ATPase activity 등이 있다. 또한 실제 언제 어디서 쓰이는지에 대한 구체화 없이, 무엇을 할 수 있는지에 대한

3 Jennifer I. Clark, Cath Brooksbank, and Jane Lomax (2005), "It's All GO for Plant Scientists", *Plant Physiology*, 138(3): 1268-1279.

내용을 가질 수 있는데, 'enzyme', 'transporter', 'ligand' 등과 같은 포괄적 기능을 의미하는 용어와, 'adenylate cyclase', 'toll receptor ligand' 등과 같은 특수한 기능을 포함한다.

- **생물학적 과정**Biological Process: 유전자나 단백질의 기능들이 순서대로 조합되어 이루어진다. 예컨대 넓은 범위의 생물학적 과정으로 'cell growth and maintenance' 또는 'signal transduction' 등이 있고, 좁은 범위에서는 'pyrimidine metabolism', 'cAMP biosynthesis' 등이 있다. 생물학적 과정은 분자기능과 의미적으로 구분하기가 어려운 경우도 있다. GO에서는 1개 이상의 분자기능으로 이루어진 단계가 있어야만 생물학적 과정으로 인정된다. 즉, 여러 개의 분자적 기능들이 순차적 관계로 모여서 생물학적 과정을 이룬다.
- **세포의 구성요소**Cellular Component: 세포의 구조, 위치, 거시분자 복합체 등 세포를 구성하는 요소를 표현하는 것으로 nucleus, telomere, RNA polymerase II holoenzyme 등이 그 예다.

신약개발, 자율주행 자동차, 기후와 환경문제같이 복잡한 현실의 문제를 해결하려는 최신의 과학기술 분야는 다양한 종류와 방대한 양의 데이터를 필요로 한다. 여러 연구기관이나 산업체에서 생산된 데이터들이 서로 연결되어 고차원적 분석을 가능할 수 있게 하는 온톨로지 기술은 데이터 연결과 통합을 위한 표준 기술이라 할 수 있다. 기계가 읽을 수 있고 추론과 같은 자동처리가 가능하게 하는 다양한 온톨로지들은 인터넷상에 공개되고 공유될 수 있기 때문에 과학기술의 진화를 가속화하는 데 큰 기여를 하고 있다. 이미 언급했듯이 과학기술 관련 온톨로지들은 지식그래프 형식으로 웹에서 어마어마한 양으로 공개되고 있어 전 세계 사람들이 협업을 할 수 있는 데이터 공간이 되었다. 이처럼 온톨로지 기술은 물리적 세계에 존재하는 모든 것들이 데이터의 세계로 변환되어 새로운 존재적 차원을 구성할 뿐만 아니라 디지털 세계와 아날로그 세계를 연결하는 메타버스 세계를 구현하는 중요한 요소가 될 수 있다.

네트워크 생물학

생명체를 분자와 세포 수준으로 미세하게 관찰하면 유전체, 단백질, 후성유전체, 대사체 등 다양한 물질들로 구성되어 있음을 알 수 있다. 이들이 생명체 내부에서 복잡하게 상호작용하여 생명현상이 일어난다. 생명현상과 관련한 생명체 내부의 복잡한 상호작용은 '기능function'이라는 개념으로 파악될 수 있다. 외부환경에 대한 생명체의 반응과 상호작용도 거시적(예컨대 의학적) 혹은 미시적(예컨대 생물학적) 관점에서 기능의 개념으로 설명된다. 전통적으로 생명현상을 이해하고 설명하려는 생물학은 환원주의와 기계론적 패러다임에서 생명체 내의 구성체를 분리하여 개별 기능을 규명하려는 실험들을 반복하여 수행해 왔다. 그러나 생명현상은 다양한 구성체들이 상호작용하는 복잡한 현상이기 때문에 전통적 실험기법으로는 생명현상이 일어나는 프로세스를 완전하게 설명할 수 없다. 환원주의적 접근으로 질병 발생이나 약물 작용과 대사 등 생체환경 변화에 대한 예측이 매우 어렵기 때문에 복잡계에서 일어나는 여러 상호작용을 설명하기 위한 새로운 방법론들을 찾으려는 시도가 일어나고 있다.

2000년대 초 인간게놈프로젝트Human Genome Project, HGP를 통해 인간의 유전자 염기서열에 대한 데이터를 기반으로 생명현상을 탐구할 수 있는 기틀이 마련되었다. 최근 생물학과 임상의학 분야에서 널리 사용되고 있는, 오믹스라고 이름을 붙인 분야들이 인기를 누리게 되었다. 생물학적 기능을 기존의 환원주의적 관점의 실험 방법으로 완벽하게 설명할 수 없는 이유는, 몸 전체의 기능 이해는 몸을 구성하는 구성인자들 사이의 복잡한 상호작용에 대한 이해가 기반이 되어야 하기 때문이다. 몸속의 여러 구성인자들 간 상호작용과 연결에 대한 패턴을 분석하여 생명현상을 설명하는 새로운 방법론들은 학문들 간 융합을 통해서만 찾을 수 있다. 빅데이터 기술의 진보와 함께 유전체, 후성유전체, 단백체, 대사체 등 다중 오믹스multi-omics 데이터의 생산이 가속화되고, AI 기술 발전 덕에 다양한 빅데이터 분석 방법론이 개발되고 있다. 이제 환원주의와 기계론의 한계를 넘어 생명현상을 하나의 시스템으로 이해하고 탐구할 수 있는 새로운 과학적 패러다임의 시대가 열리고 있다.

전체 시스템인 몸은 여러 계층들—엑스포좀exposome, 후성유전체epigenome, 미생물군 유전체microbiome, 대사체metabolome, 단백질체proteome, 전사체transcriptome, 유전체genome—로 개념 지을 수 있다.[4] 각 계층은 몸의 생물학적 현상을 연구하는 세부의 학문 영역이거나 방법론을 의미한다. 이렇게 다양한 관점에서 바라본 몸의 여러 계층들에 대한 관계를 종합적으로 이해하는 것이 매우 중요하다. 하나의 전체 몸이 시스템이듯이 각 계층에 속한 몸의 구성요소들의 집합 또한 시스템적으로 이해할 수 있다. 각 계층에 속한 몸의 하위 시스템에 대한 이해는 전체인 몸을 이루는 구성인자들의 상호작용에 대한 이해를 통해서만 가능하다. 오믹스라는 접미사를 붙인 유전체학genomics, 단백질체학proteomics, 후성유전체학epigenomics, 대사체학metabolomics, 두뇌 커넥토믹스connectomics 등은 각 하위 시스템을 전체의 관점에서 탐구하려는 최근의 연구 패러다임을 반영한 것이다. 각 계층의 오믹스 분야들은 다양한 방법론을 통해 학문의 융합도 진화시키고 있다. 이러한 융합의 추세를 데이터 중심의 다중 오믹스 연구라고 일컫는다. 하지만 다양한 데이터 간 연결이 복잡해질수록 초연결성에 대한 전체의 그림을 이해하기는 더욱 어려워질 수밖에 없다. 따라서 융합과학 연구를 큰 틀에서 조망하고 지원하는 국제적 협의체와 협력적 연구를 이끌어 갈 학문의 리더십에 대한 필요성이 날로 커지고 있다.

네트워크 생물학network biology은 생명현상을 전체적으로 조망하기 위해 위에서 언급한 각 하위 시스템의 구성인자들을 데이

---

4 Eric J. Topol (2014), "Individualized Medicine from Prewomb to Tomb", *Peer J*, 8 (e10141, https://doi.org/10.7717/peerj.10141).

터로 구조화하여 분석하는 연구 분야를 의미한다. 데이터는 다양한 구조로 표현될 수 있는데, 네트워크는 빅데이터의 분석이 용이할 수 있게 만든 일종의 그래프 형식의 데이터 구조라 할 수 있다. 즉, 생물학 중심원리에 따라 밝혀진 생물학적 기능을 가진 구성체들을 데이터 단위로 표현하고 이들 간 상호작용을 네트워크의 노드(구성체)와 엣지(상호작용) 관계로 통합하여 특정 생명현상을 해석할 수 있다. 네트워크 생물학 기반의 연구는 대용량 오믹스 자료의 생산과 오믹스 자료 기반의 생체 분자들의 관계를 예측하고 규명하고자 한다. 네트워크 생물학에서는 여러 실험실 연구의 결과물들을 효과적으로 분석하기 위해 데이터 또는 수리적으로 모델링하고 생체 분자의 기능과 작용기전을 규명할 수 있는 다학제적 연구 방법들과 컴퓨터 툴들을 발전시켜 왔다.

네트워크 생물학에서 구성체에 따라 아래와 같이 다양한 종류의 네트워크를 구성할 수 있다. 아래에 설명하는 네트워크들에 대한 연구 동향과 예들은 분자생물학에 대한 지식이 없다면 난해할 수 있다. 세부적인 내용을 다 이해하기보다는 복잡한 생명현상을 어떻게 시스템적으로 구조화하여 데이터로 표현할 수 있는지, 생명현상에 관여하는 물질들 간의 상호작용 네트워크가 어떤 관점에서 활용되는지, 컴퓨터 기술을 이용하여 다양한 관점에서 생산된 데이터셋들이 어떤 방법으로 네트워크와 그래프 구조로 연결되는지, 그리고 신약개발 등 산업에서 환원주의 생물학을 넘어선 초연결 과학이 어떻게 활용될 수 있는지에 대해 큰 그림을 이해하면 충분하다.

(1) 단백질-단백질 상호작용 네트워크Protein-protein Interaction Network

단백질은 생명체 내 대부분의 대사경로에서 조절자의 역할을 수행하므로 생체 내 화학반응의 방향과 정도를 예측하는 데 유용하게 활용될 수 있다. 단백질-단백질 상호작용 네트워크에서 각 노드는 단백질을 표현하고, 두 노드를 잇는 엣지는 단백질들 간의 물리적 상호작용을 표현하고 있다. 단백질-단백질 상호작용을 규명하기 위한 다양한 실험적 방법이 있다. 가장 많이 사용되는 실험적 방법은 효모단백질 잡종법으로, 효모에서 발현되는 전사인자와 효모의 생육에 필수적인 단백질을 생산하는 유전자를 표지자로 이용하여 연구 대상이 되는 단백질에 어떤 단백질들이 결합되는지 찾아내는 시스템적 방법이다. 효모단백질 잡종법의 장점은 단백질 특성과 관계없이 실험을 대규모로 진행할 수 있기 때문에 단백질 상호작용 분석이 용이하고 단백질의 구조 변형 없이 약한 상호작용도 확인할 수 있다. 전 세계적으로 데이터 기반 실험의 결과물로서 다양한 단백질-단백질 상호작용 네트워크 데이터베이스가 존재한다.

(2) 전사조절 네트워크Transcriptional Regulatory Network

생명체의 세포를 구성하고 유지하는 데 필요한 정보를 담고 있으며 생식을 통해 자손에게 유전되는 생물의 기본단위를 유전자gene라고 한다. 유전자는 이중나선의 구조로 되어 있는 DNA서열의 일부분을 이루는 유전형질의 단위가 되는 것으로 정의된다. 유전형질을 이루는 일부분의 DNA서열은 RNA로 번역translation

되고, RNA는 단백질로 전사transcription된다. 생명현상에 관여하는 몸속의 여러 기능들은 바로 RNA로부터 전사된 단백질 간의 상호작용을 통해 나타난다. 유전자 발현을 조절하는 전사인자transcription factor나 전사복합체가 RNA 중합효소와 결합하여 DNA의 염기서열 정보로 RNA를 생산하는 전사과정을 네트워크로 표현할 수 있다.[5] 또한 각 유전자의 발현 조절 기전 내에서 상호연관성을 규명하여 서로 다른 유전자의 전사과정들을 하나의 네트워크로 보여 줄 수 있다.[6] 전사조절 네트워크는 전사인자에서 표적 유전자로의 명확한 조절 방향이 존재하므로 방향성이 있는 네트워크로 구성되며 상호 직접적인 연관성 있는 전사조절 기작 예측에 활용될 수 있다.

(3) 생물학적 경로Biological Pathway

생물학적 경로는 생명현상을 정합적으로 설명할 수 있는 개

---

5 Andrea Califano, "Modeling Cell Regulatory Networks" (http://califano.c2b2.columbia.edu/modeling-cell-regulatory-networks).

6 전사조절인자와 전사조절요소의 상호작용을 규명하기 위한 방법으로는 전사조절인자에 특이적 항체를 이용하여 전사조절인자와 전사조절요소의 복합체를 크로마틴 면역침전chromatin immunoprecipitation, ChIP한 후 전사조절요소를 분리, 동정하는 방법이 사용되고 있다. 전사조절요소의 서열을 분석하는 방법에 마이크로어레이가 사용되는 방법을 ChIPchip, 차세대서열결정법이 사용되는 방법을 ChIP-seq이라 한다. 전사조절 네트워크에서 노드는 전사인자와 표적 유전자를 표현하며, 엣지는 전사조절의 활성과 저해의 특성을 표현한다.

념의 틀로서 생물학 연구의 축적된 결과물들을 시스템적으로 구조화한 것이다. 이것은 분자의 기능들에 대한 상호작용을 순차적으로 연결한 구조로 되어 있고 각 경로에 생물학적 의미를 부여함으로써 생명과학 지식의 골격을 이루게 되며 대사경로metabolic pathway, 신호전달 경로signaling pathway와 같은 특정 생명현상 또는 특정 요인에 의한 상호작용의 연쇄반응을 잘 표현할 수 있다. 생물학적 경로는 대사경로와 신호전달을 모두 포함하므로 노드로 사용되는 생물학 개체의 종류가 매우 다양하다. 생물학 연구에 널리 사용되는 Reactome이라는 데이터베이스에 있는 The citric acid (TCA) cycle and respiratory electron transport의 예를 보면 178개의 단백질과 60개의 대사물질들이 상호작용하는 그림으로 표현된다.[7]

(4) 질병-유전자 네트워크Disease-Gene Network

질병에 관여하는 유전자를 찾는 개별 연구들의 결과물들이 데이터로 연결되면서 유전자와 질병 간의 상호관계를 유전자 중심의 네트워크로 표현할 수 있게 되었다. 질병을 유발하는 유전자의 돌연변이를 찾거나 복잡한 인간 질병 유전자 간 상호작용을 설명하는 데 네트워크 기반의 바이오 빅데이터 표현 기술이 널리 활용되고 있다. 특히 특정 질병에 대한 약물의 적용점을 찾는 데 네트워크 분석 기술은 유용하게 쓰인다. 정상 상태와 질병 상태

---

7 https://reactome.org/content/detail/R-HSA-1428517.

의 유전자 네트워크의 모양이나 발현량의 차이를 이용하여 타겟 유전자를 선별하여 신약개발 또는 신약재창출을 위한 후보를 찾는 데 이용 가능하다.

(5) 네트워크 기반 약리학Network-based Pharmacology

네트워크 약리학은 생물학 개체의 상호작용 네트워크를 구축하여 질병 치료에 효과적인 타겟 화합물을 찾거나 기존 약물의 새로운 적용점을 찾는 연구 분야다. 다양한 수준에서 대용량의 다중 오믹스 데이터 생산이 가능해졌고, 약물과 단백질의 상호작용 정보를 적재한 실험정보 데이터베이스가 구축되면서 신약개발이나 신약재창출에 네트워크 약리학 기술이 중요한 트렌드로 자리 잡아 가고 있다. 다중 오믹스 데이터는 생물학 중심원리에 따라 데이터 생산 플랫폼이 구축되어 있으며, 염기서열 시퀀싱 방법을 이용한 Genome, Transcriptome, Epigenome 데이터와 mass spectrometry 기반의 단백질 정량데이터가 활용되고 있다. 약물과 반응하는 유전자/단백질을 파악하기 위한 chemical assay 데이터 또한 축적되고 있다. DNA, RNA, 단백질 발현량 등이 노드로 구성되어 네트워크의 중심구조를 이루고 다중 오믹스 분석을 통해 생성된 발현량 데이터를 네트워크에 적용하여 신호전달 시뮬레이션network propagation을 수행하면 정상군과 질병군 간 네트워크 모양의 변화를 확인할 수 있다.

융합과학의 초연결성

이 장에서는 초연결 과학기술의 패러다임을 형성하는 데 중요한 요소 기술들을 소개하면서 의생명과학 분야에서의 초연결 패러다임의 실제 사례들을 간단히 살펴보았다. 팬데믹이나 기후 문제와 같이 인류가 당면한 복잡한 문제를 해결하는 데 환원주의와 기계론적 인과론에 기반을 둔 기존의 과학기술 패러다임은 더 이상 최선의 선택이 아니라는 깨달음 때문에 학문에서의 융합에 대한 강조는 지난 수년간 진리처럼 강조되었다. 하지만 융합은 단순히 여러 학문 분야들을 펼쳐놓고 나열하는 것이 아니다. 데이터 기반으로 연구 분야 간 소통과 협업이 초연결적으로 이루어지기 위해 양질의 데이터 공간을 함께 구축하고 과학 커뮤니티 사이에 빅데이터 분석 기술을 공유하는 의지가 필요하다. 과학적 환원주의를 넘어선 초연결 과학의 패러다임을 잘 설명하는 철학의 정립도 필요하다. 서로 다른 과학의 주제와 분야 간 융합이 이루어지기 위해 단순히 데이터의 연결로는 충분하지 않을 것이다. 토머스 쿤의 공약불가능성incommensurability[8]은 물리학 같은 한 학문 분야를 놓고 언급한 것인데, 이에 따르면 완전히 서로 다른 연구 주제와 관점을 가진 타 학문과의 소통은 불가능한 것이 아닌가? 공약불가능성에 대한 심도 있는 과학철학적 논의는 하지 않

8 서로 다른 이론이나 패러다임들을 비교할 수 있는 공통된 척도가 없다는 뜻이다. 이를 극단적으로 해석하면 학문들 간의 소통도 사용되는 전문용어를 비롯한 연구의 방법론이 다르기 때문에 불가능하다는 의미다.

더라도 과학에서의 융합을 위한 관점 간 소통이 의미하는 바를 간단히 언급하면서 이 책을 마무리 짓겠다.

과학에서의 패러다임이라 부르는 개념적 틀은 한 분야의 과학이 다루는 문제의 특성에 따라 전문용어, 연구의 방법론, 과학 커뮤니티의 활동 방식 등을 구성한다. 큰 범주로 구분되는 학문 간의 차이는 물론이고, 앞서 언급한 바이오 빅데이터 기반의 오믹스라 부르는 여러 연구 분야들에도 패러다임의 차이는 존재한다. 이처럼 패러다임의 유사성과 차이점은 그것이 크건 작건 간에 모든 과학 연구 분야들 사이에 있기 때문에 융합을 위해서는 이들을 연결하는, 동의할 수 있는 방법이 필요하다. 우선 전문용어의 개념 차원에서 매핑이나 통합이 필요하다. 앞서 다룬 온톨로지는 기계가 자동적으로 번역하거나 서로 다른 분야에서 생산된 데이터 공간에서의 용어들 간 개념적 연결을 도와줄 수 있다. 한 분야 내에서 이루어지는 개별 연구자들의 연구 결과물 간 개념 불일치성은 그 분야의 연구자들이 함께 표준을 만듦으로써 해결할 수 있다. 서로 다른 분야에서 사용되는 개념들 간의 연결은 더 어려울 수 있다. 이를 위해 보다 보편적인 상위(메타) 수준의 온톨로지가 필요해진다. 상위 수준의 온톨로지는 각 분야의 온톨로지들 간의 매핑에 사용하게 된다. 이처럼 온톨로지는 개별 과학기술 분야에서의 관점을 구성하는 개념들 간의 관계를 기계가 처리할 수 있는 방식의 전산언어로 표현한 것이다. 온톨로지가 용어와 개념적 수준에서 데이터 공간을 연결하는 데 사용되는 기술이라면, 인공지능 기술은 과학기술의 초연결을 가속화하는 분석 엔진이라 할 수 있다. 과학적 가설을 먼저 세우고 변인들 간의 인과적 관계를 추론하는 것이 아니라 빅데이터에 감추어져 있는 새로운 사실을 찾아내는 인공지능의 탐색과 추론 기술은 데이터 기반의 초연결 과학기술 혁명을 이루는 매우 강력한 힘이 되고 있다. 하지만 시스템 패러다임을 이끌어 낸 20세기의 과학기술의 개척자들이 그러했듯이 초연결 과학기술 패러다임에 대한 창의적 상상력과 직관을 객관화하고 구체적 방법론으로 활용할 수 있어야 한다. 오랜 세월 관계성과 상호연결성을 강조한 동서양의 지혜를 과학기술 분야에 조심스럽게 도입하지 않는다면 우리가 당면한 지구상의 복잡한 문제를 해결할 수 없을 것이다. 기후문제나 팬데믹과 같은 인류가 당면한 난제를 해결하기 위해 지금까지와는 다른 방식의 과학기술의 진보가 필요한 때다. 지구와 인류가 지속가능한 데 도움을 주는 과학기술의 새로운 패러다임은 프리초프 카프라[9]가 언급한 창의성이 추동되는 함께 춤추는 과학기술인 것이다.

---

9 "Evolution is no longer seen as a competitive strategy for existence, but as a cooperative dance in which a novelty and the constant emergence of creativity are driving forces." Fritjof Capra et al. (2016), *The Systems View of Life*, Cambridge: Cambridge University Press.

참고문헌

김애령(2013), 『은유의 도서관: 철학에서의 은유』, 그린비출판사.

김홍기(2002. 4), 「보이지 않는 공간의 혁명」, 『마이크로소프트』.

______(2016), 「심장은 마음의 장기인가?: 심장의 존재론」, 김성준 외, 『마음의 장기 심장』, 바다출판사.

______(2017), 「인공물과 생물진화 간의 시스템적 은유」, 이정동 외, 『인공물의 진화』, 서울대학교출판문화원.

______(2021), 「AI 개념과 기술의 역사적 발전」, 엄석진 외, 『AI와 미래행정』, 박영사.

메이시, 조애나(2004), 『불교와 일반시스템 이론』, 이중표 옮김, 불교시대사.

보벳, 데이비드 외(2000), 『밸류넷』, 최재화·김홍기 옮김, 좋은책만들기.

아리스토텔레스(1996), 『시학』, 천병희 옮김, 문예출판사.

Barabási, A. and Z. Oltvai (2004), "Network Biology: Understanding the Cell's Functional Organization", *Nature Reviews Genetics*, 5: 101-113.

Bartlett, F. C. (1932), *Remembering*, Cambridge: Cambridge University Press.

Barwise, J. and J. Seligman (1997), *Information Flow: The Logic of Distributed Systems*, Cambridge: Cambridge University Press.

Berners-Lee, Tim (1999), *Weaving the Web*, San Francisco: HarperSanFrancisco.

Bertalanffy, Ludwig von (1968), *General Systems Theory*, New York: George

Braziler.

Black, M. (1962), *Models and Metaphors: Studies in Language and Philosophy*, Ithaca: Cornell University Press.

Bunge, M. (2003), *Emergence and Convergence: Qualitative Novelty and the Unity of Knowledge*, Toronto: University of Toronto Press.

Califano, Andrea, "Modeling Cell Regulatory Networks" (http://califano.c2b2.columbia.edu/modeling-cell-regulatory-networks).

Capra, Fritjof et al. (2016), *The Systems View of Life*, Cambridge: Cambridge University Press.

Clark, Jennifer I., Cath Brooksbank, and Jane Lomax (2005), "It's All GO for Plant Scientists", *Plant Physiology*, 138(3): 1268-1279.

Dretske, F. (1981), *Knowledge and the Flow of Information*, Cambridge, MA: MIT Press.

Frank, Matthias and Stefan Zander (2019), "The Linked Data Wiki: Leveraging Organizational Knowledge Bases with Linked Open Data", *Primate Life Histories, Sex Roles, and Adaptability*: 294-319.

Galileo (1967), *Dialogue Concerning the Two Chief World Systems*, translated by S. Drake, Berkeley: University of California Press.

Gams, Matjaz (2004), "Computational Analysis of Human Thinking Processes", *International Journal of Computational Cognition*, 2(3): 1-19.

Gettier, E. (1963), "Is Justified True Belief Knowledge?", *Analysis*, Vol. 43: 181-184.

Gilbert, W. (1958), *De magnete*, translated by P. Fleury Mottelay, New York: Dover.

Gillingham, Charles (2007), "Venn Diagram Illustrating One of the Weaknesses of the Turing Test" (https://commons.wikimedia.org/wiki/File:Weakness_of_Turing_test_1.svg).

Haendel, Melissa A., Christopher G. Chute, and Peter N. Robinson (2018),

"Classification, Ontology, and Precision Medicine", *The New England Journal of Medicine*, 379: 1452-1462.

Herman, Ivan (2006), "Merge with Wikipedia Data" (https://www.w3.org/People/Ivan/CorePresentations/DataIntegration/Slides.html#(18)).

Holyoak, K. and P. Thagard (1996), *Mental Leaps: Analogy in Creative Thought*, Cambridge, MA: MIT Press.

Kim, Jaegwon (1987), "Supervenience and Nonlogical Incommensurability", *American Philosophical Quarterly*, 15: 149-156.

Kovecses, Z. (2010), *Metaphor*, New York: Oxford University Press.

Krohs, U. (2009), "The Cost of Modularity", in U. Krohs and P. Kroes (Eds.), *Functions in Biological and Artificial Worlds*, Cambridge, MA: MIT Press, pp. 259-276.

Kuhn, T. S. (1962), *The Structure of Scientific Revolutions*, Chicago: University of Chicago Press.

Lakoff, G. and M. Johnson (1980), *Metaphors We Live by*, Chicago: University of Chicago Press.

Maturana, H. and F. Varela (1980), *Autopoiesis and Cognition*, Dordrecht: D. Reidel.

Minsky, Marvin (June 1974), "A Framework for Representing Knowledge", MIT-AI Laboratory Memo 306.

OBO Foundary (obofoundry.org/).

Piaget, J. and B. Inhelder (1969), *The Psychology of the Child*, New York: Basic Books.

Prigogine, I. and I. Stengers (1984), *Order Out of Chaos*, San Francisco: Freeman.

Quan-Haase, Anabel and Barry Wellman (2006), "Hyperconnected Net Work: Computer-Mediated Community in a High-Tech Organization", in Charles Heckscher and Paul Adler (Eds.), *The Firm as a Collaborative Community: Reconstructing Trust in the Knowledge Economy*, New York:

Oxford University Press, pp. 281-333.

Reactome (https://reactome.org/content/detail/R-HSA-1428517).

Schank, R. C. and R. Abelson (1977), *Scripts, Plans, Goals, and Understanding*, Hillsdale: Earlbaum Assoc.

Shannon, C. (1948), "A Mathematical Theory of Communication", *Bell System Technical Journal*, Vol. 27: 379-423, 623-656.

Simon, H. (2002), "Near Decomposability and the Speed of Evolution", *Industrial and Corporate Change*, 11(3): 587-599.

Thagard, P. (1992), *Conceptual Revolutions*, Princeton: Princeton University Press.

______ (1993), *Computational Philosophy of Science*, Cambridge, MA: MIT Press.

Topol, Eric J. (2014), "Individualized Medicine from Prewomb to Tomb", *Peer J*, 8 (e10141, https://doi.org/10.7717/peerj.10141).

Turing, A. M. (1936), "On Computable Numbers, with an Application to the Entscheidungs Problem", *Proceedings of the London Mathematical Society* (2nd Series), 42: 230-265.

Wellman, Barry (June 2001), "Physical Place and Cyber Place: The Rise of Networked Individualism", *International Journal of Urban and Regional Research*, 25(2): 227-252.

찾아보기

발간사

신승일
(전 미국 알버트 아인슈타인 의과대학 교수)

인문학과 자연과학을 연결하는 학술적 성찰의 결실인 암곡학술총서의 발간은 제가 오랫동안 갖고 있던 하나의 작은 꿈이 실현되는 것입니다. 지금부터 60여 년 전인 1957년 어느 봄날, 옛 동숭동 교정에서 입학식을 마치고 저는 서울대학교 문리과대학 1학년생이 되었습니다. 그때는 전쟁이 끝난 지 4년이 채 안 되어 전쟁의 흔적이 서울 곳곳에 남아 있었지만, 우리나라 학문의 최고봉이라고 자부하던 문리과대학의 신입생으로 벅찬 희망을 안고 매일 아침 초만원 전차를 타고 종로5가에서 내려 '세느강'으로 불리던 하천을 따라 학교로 갔습니다. 화창한 봄, 동숭동 캠퍼스는 개나리와 라일락이 흐드러지게 피는 낭만적인 곳이었습니다. 그때 우리들은 물질적으로는 가난했지만, 식민통치와 전쟁으로 폐허가 된 나라를 일으켜 세워 일류 국가를 건설하겠다는 신념과 이상으로 가득 차 있었습니다.

저는 2학년을 마치고 군에 입대하였다가 복학한 뒤 3학년을 마친 1962년 전액 장학금을 받고 미국으로 유학을 떠났습니다. 근 20년이 흐른 1979년 봄 교환교수 자격으로 서울대학교에 잠시 돌아오게 되었는데, 이는 당시 자연대 학장으로 계시면서 교환교수 프로그램을 만드신 조완규 교수님(전 서울대학교 총장)의 권유에 따른 것이었습니다. 관악산에 둘러싸인 웅장하고 아름다운 서울대학교 종합캠퍼스는 옛 기억 속의 작은 동숭동 교정과는 사뭇 다른 곳이었습니다. 저는 그때 미국 의과대학의 유전학 교수였는데, 한 학기 동안 서울대학교에서 학부 4학년생과 대학원생을 가르치면서 한 가지 꿈을 갖게 되었습니다. 그것은 언젠가 한국 교육에 기여하는 의미 있는 일을 하자는 것이었습니다. 특히 한국 학문의 대표적 요람인 서울대학교는 사회가 필요로 하는 전문지식인을 양성하는 일도 중요하지만, 그에 못지않게 순수 학문을 통하여 미래의 한국, 나아가서는 미래의 인류 문화에 기여하는 세계의 대학교가 되어야 할 것이고, 그 흐름에 저의 작은 힘이나마 보태자는 생각이었습니다.

21세기 초 오늘의 세계는 과학기술의 발전과 지정학적 변화로 인하여 문명사적으로 중요한 전환점에 와 있다고 생각합니다. 그 한 예가 저의 전공 분야인 생명과학의 발전입니다. 유전학의 발전으로 생물계의 진화는 우발적 돌연변이의 자연선택 대신, DNA의 인위적 조작과 선택을 통하여 인간이 희망하는 방향으로 유도할 수 있게 되었습니다. 자연계에 존재하지 않던 완전히 새로운 생물체가 탄생할 수 있게 된 것입니다. 새로운 농축수산물이 개발되고 생산성이 증가하면 기아 문제가 해결되고 생활수준 향상을 기대할 수 있으나, 다른 한편 생물 다양성 감소로 지구적 대규모 참사의 가능성도 커지게 됩니다. 또한 인류는 암 등의 난치병을 정복하여 수명 연장을 기대할 수 있는 반면, 생명의 인위적인 연장으로 인한 노령화로 사회적·윤리적 문제가 대두할 것입니다. 장기적으로는 인간을 부분적으로 '개조'하거나 온전히 복제하는 것도 가능할 것인데, 이제 우생학적 기회와 유혹을 어떻게 관리할 것인가 하는 문제가 진지하게 고려되어야 할 것입니다.

또 다른 예는 IT의 발전입니다. 인공지능이 발전하면서 스스로 생각할 수 있는 기계가 나타나면, 인간을 기타 동물로부터 구별하는 '생각할 수 있는 능력'이란 과연 의미가 있는 것인가, 예술과 도덕의 영역은 인간만의 영역으로 남을 수 있을 것인가, 궁극적으로 인간성의 근본은 무엇인가 등의 새로운 질문을 피할 수 없습니다. 탈산업화와 사회규범의 변화로 인하여 종교적 신앙의 전통이 쇠퇴하면서 새로운 윤리 체계가 요구되며, 국제화의 가속으로 민족과 국가 중심의 일원적 문화 전통이 새로운 다원적 사회, 다문화 사회로 진화하고 있습니다.

지정학적인 변화 또한 현실로 다가오고 있습니다. 18세기 산업혁명 이후 세계를 정치·문화·경제적으로 지배해 온 유럽문명의 상대적 약화와 제국주의의 몰락, 산업구조의 재편 등으로 20세기 후반부터 시작된 동양문명권의 재부상은 이미 상당히 진행되었습니다. 따라서 유럽과 북미를 중심으로 하는 '서양문명'과 중국·한국·일본을 아우르는 동아시아와 인도를 주축으로 하는 남아시아가 연계된 '동양문명'이 양대 축을 이루는, 새로운 동서 구도의 양극 체제가 정착할 것으로 예상됩니다.

이렇게 여러 분야에서 근본적이고 범지구적인 변화가 빠르게 전개되고 있는 새로운 세계에서, 한국 지식인의 역할은 무엇이어야 하는가? 저는 이 물음에 대한 답을 암곡학술총서가 환하게 밝혀 주기를 바랍니다. 역설적이지만 불확실성이 극대화된 이 시대에 오히려 새로운 한국 문명의 가능성이 열리고 있다고 저는 생각합니다. 우리는 조선 후기의 국가 경영 실패로 인하여 아픈 근대사를 가졌지만, 지난 반세기 동안 서구의 과학기술과 산업 체제를 짧은 기간에 압축적으로 차용하고 소화하여 현대화에 성공하였고, 그 성공을 바탕으로 한국 전통문화의 강점을 새롭게 인식할 수 있는 물질적·심리적 여유를 갖게 되었습니다. 그 결과 새로운 '한국적 사고'의 창조가 가능해졌다고 생각합니다. 한국은 세계 문명사에서 거의 유일하게, 2천 년에 걸쳐 강력한 중앙집권적 국가 체제를 유지하면서도 불교와 유교, 그리고 기독교적인 전통을 모두 흡수하였고, 독자적인 언어와 문자를 가진 고유의 문화적 전통을 유지하는 데 성공한 나라입니다.

이제 한국의 지식인이 인류문명의 새로운 패러다임을 창조하는 장으로 나아가는 길을 열었으면 좋겠습니다. 그렇다면 새로운 한국적 지식인의 표상은 어떤 것인가? 조선시대의 진정한 선비는 정의를 위해 목숨을 걸고 시류에 맞설 줄 아는 지조와 기개를 겸비하였고, 그러면서도 면면히 내려온 우리만의 풍류를 즐기는 내면의 여유도 갖고 있었습니다. 근대사의 피해자였던 한국의 지식인으로서, 우리가 새로운 장으로 나아가기 위해서는, 우선 서양문명에 대한 열등의식을 극복하고, 문화적 정체성을 유지하면서도 세계사적인 안목으로 역사를 인식할 필요가 있다고 생각합니다. 암곡학술총서가 던지는 사유의 시선을 따라가며 서양 중심의 시각에서 벗어나 세계와 인간을 바라보는 '우리'만의 프리즘을 모색할 수 있었으면 좋겠습니다.

암곡학술총서가 궁극적으로 지향하는 바는 서울대학교에서 소양을 닦은 교수와 학생이 진정한 세계 속의 지식인으로 인류사회에 공헌하는 것입니다. 그것은 편협한 전문가로서가 아니라, 인문학의 전통을 이어받은 과학과 현대 과학의 기초를 이해하는 인문학의 만남을 기반으로 한 창조적 융합의 결과로서 가능하다고 생각합니다.

암곡학술총서가 과학과 인문학의 접목을 추구하는 학술의 장을 열고, 진정한 지성인의 성장을 돕는 일에 공헌하기를 바랍니다.